FUZA DIANCI HUANJINGXIA MIMO LEIDA

复杂电磁环境下 MIMO 雷达

MUBIAO JIAODU GUJI

目标角度估计

宫 健 郭艺夺 冯存前 著

西北工业大学出版社

西 安

【内容简介】 本书针对相干和非相干混合信源、非理想噪声背景、强电子干扰和大虚拟阵元数等突出问题，研究复杂电磁环境下的 MIMO 雷达目标角度估计方法。全书共分为 7 章：第 1 章对 MIMO 雷达目标角度估计的研究现状进行综述，建立 MIMO 雷达的信号模型；第 2 章建立色噪声背景下的回波模型，给出一种基于多级维纳滤波的 ISDS 角度估计算法；第 3 章分析冲击噪声的模型和特点，给出适用于单基地 MIMO 雷达的 RCC-FLOM 算法和双基地 MIMO 雷达的 INN-SR 算法；第 4 章建立非平稳噪声背景下的回波模型，给出一种基于 CVTR-OP 处理的目标角度估计算法；第 5 章证明强、弱信源的保向正交性条件，给出一种基于保向正交性的改进干扰阻塞角度估计算法；第 6 章建立双基地 MIMO 雷达非圆信号实值阵列模型，给出旋转不变因子为余弦函数、正切函数的 ESPRIT-like 算法；第 7 章对复杂电磁环境下 MIMO 雷达参数估计技术的发展进行展望。

本书可作为普通高等学校电子工程专业高年级本科生和研究生的扩展阅读材料，也可作为雷达专业工程技术人员的参考用书。

图书在版编目(CIP)数据

复杂电磁环境下 MIMO 雷达目标角度估计/宫健，郭艺夺，冯存前著. —西安：西北工业大学出版社，2018.11

ISBN 978-7-5612-6398-3

Ⅰ.①复… Ⅱ.①宫… ②郭… ③冯… Ⅲ.①电磁环境-影响-雷达目标识别-角度-估计-方法研究 Ⅳ.①TN959.1

中国版本图书馆 CIP 数据核字(2018)第 259044 号

FUZA DIANCI HUANJINGXIA MIMO LEIDA MUBIAO JIAODU GUJI
复杂电磁环境下 MIMO 雷达目标角度估计

策划编辑：杨　军
责任编辑：李阿盟　朱辰浩

出版发行：西北工业大学出版社
通信地址：西安市友谊西路 127 号　　邮编：710072
电　　话：(029)88493844　88491757
网　　址：www.nwpup.com
印 刷 者：兴平市博闻印务有限公司
开　　本：727 mm×960 mm　1/16
印　　张：8.75
字　　数：140 千字
版　　次：2018 年 11 月第 1 版　　2018 年 11 月第 1 次印刷
定　　价：69.00 元

前　　言

MIMO 雷达的概念由新泽西理工学院的 Eran Fsiher 等科学家于 2004 年在 IEEE Radar Conference 上首次提出，成功地将现代移动通信多输入多输出（Multiple-Input Multiple-Output, MIMO）的空间分集理念引入到传统雷达领域中，是有源相控阵及数字阵列雷达的自然拓展，也被认为是雷达科学技术的一次新跨越。MIMO 雷达指采用独立信号工作，并且发射与接收在时域、空域或者变换域分集的雷达，主要分为统计 MIMO 雷达和相干 MIMO 雷达两种不同的形式。统计 MIMO 雷达的天线阵元稀疏排列，发射独立信号对目标工作实现空间分集，每个收发通道呈现独立的散射特性，是收发全分集的雷达；相干 MIMO 雷达的天线与传统阵列类似且阵元间距较小，发射正交信号对目标工作实现波形分集，在接收端对信号进行匹配滤波处理，只是发射分集的雷达。其中，由于相干 MIMO 用较小的天线规模即可形成很大的虚拟阵列孔径，具备体积小、重量轻、易于实现、应用灵活等突出的优点，成为当前 MIMO 雷达在军事领域的主要发展方向，所以本书的研究围绕这种 MIMO 雷达展开，书中将省略“相干”两字，简称“MIMO 雷达”。

MIMO 雷达在继承现有相控阵雷达体制基本优点的基础上，充分吸收了 MIMO 通信和阵列信号处理的前沿发展成果，相比传统的雷达，在系统分析、波形设计、目标检测、参数估计和电子对抗等方面具有独特的优势。MIMO 雷达采用低增益全向天线和低峰值功率辐射信号，降低了电子情报（Electronic Information, ELINT）系统的截获概率；采用少量实体阵元即可形成大孔径的虚拟阵列，从根本上提高了角度分辨的能力；扩展了空域和波形域的雷达资源，可实现空、时、波形域多域联合的电子干扰抑制；波束在观测空域无须进行扫描，可对回波长时间相干积累提高信噪比；利用目标雷达散射截面（Radar Cross Section, RCS）统计特性，降低了目标角度闪烁带来的不利影响。正是因为上述的突出优点，MIMO 雷达一经提出即迅速引起全世界的学者、科研机构和军工部门的高度关注。其中，MIMO 雷达的目标角度估计是近年来非常活跃、发展迅速的一个研究热点。众多学者做了大量有意义的工作，结合阵列天线的空间谱估计理论将最大似然法（Maximal Likelihood, ML）、Capon 最小方差法、子空间旋转不变法（Estimating Signal Parameters via Rotational Invariance Techniques，ESPRIT）、多重信号分类法（Multiple Signal Classification，MUSIC）、求根 MUSIC 法、传播算子法（Propagator Method，PM）、平行因子法（Parallel Factor，PARAFAC）、联合对角化法等角度估计算法成功地应用到 MIMO 雷达中，取得了一系列的研究成果。但是，这些方法大多数假设环境中不存在强干扰且背景为高斯白噪声，也缺乏在大量虚拟阵元条件下解决高计算复杂度问题的实用方法。

然而，随着现代电子战技术和装备的快速发展，战场电磁环境日益复杂，MIMO 雷达将在作战时空内面临复杂的人为电磁发射和多种电磁现象，遭遇前所未有的挑战，这就给其角度估计技术的研究提出了更高的要求。总结复杂电磁环境下采用 MIMO 雷达作为电子侦察传感器所面临的突出问题，可以归结为以下四个方面：其一，敌方有意施放的转发式干扰及回波信号传播中的多路径效应，使 MIMO 雷达需要同时对相干信源和非相干信源进行角度估计；其二，当存在海浪等引起的尖峰干扰或由大的反射面引起的闪烁干扰时，使 MIMO 雷达需要在色噪声、非平稳噪声和冲击噪声等非理想噪声背景下估计出目标的角度；其三，敌方的干扰机距离雷达较近或者有效干扰功率较大时，干信比通常可高达几十分贝以上，使 MIMO 雷达需要在强干扰背景下对弱目标进行角度估计；其四，军事侦察对目标定位精度要求越来越高，MIMO 雷达阵元数庞大，使接收系统因自由度过高而需要进行高复杂度的运算。以上四方面问题的存在，很大程度上制约了 MIMO 雷达技术的工程实现及其在军事领域的广泛应用，亟须寻求新的处理方法和技术手段予以解决。

针对相干和非相干混合信源、非理想噪声背景、强电子干扰和大虚拟阵元数等 MIMO 雷达作为军用电子侦察器所面临的突出问题，本书对 MIMO 雷达在复杂电磁环境下的目标角度估计方法进行研究，具体内容分为七章。

第 1 章，对 MIMO 雷达目标角度估计的研究现状进行综述性介绍，分别建立双基地 MIMO 雷达和单基地 MIMO 雷达的信号模型，为本书后续章节的研究提供必要的基础。

第 2 章，建立色噪声背景下的回波模型并对其协方差矩阵特征进行分析，给出一种基于多级维纳滤波的 ISDS(MWF-ISDS)角度估计算法，分析算法的改进性能、运算复杂度、信源过载和阵元节省能力，并通过仿真验证算法的有效性。

第 3 章，分析冲击噪声的模型和特点，建立冲击噪声背景下的回波模型，分别给出适用于单基地 MIMO 雷达的 RCC-FLOM 算法和适用于双基地 MIMO 雷达的 INN-SR 算法，通过仿真验证算法在冲击噪声背景下的有效性。

第 4 章，建立非平稳噪声背景下的回波模型并对其协方差矩阵特征进行分析，给出一种基于 CVTR-OP 处理的目标角度估计算法，分析算法的克拉美-罗界、信源过载能力和阵元节省能力，并通过仿真验证算法的有效性。

第 5 章，给出保向正交性和特征波束的定义，分析证明强、弱信源的保向正交性条件，给出一种基于保向正交性的改进干扰阻塞角度估计算法，并通过仿真验证算法在强干扰条件下进行角度估计的有效性。

第 6 章，建立双基地 MIMO 雷达非圆信号实值阵列模型，给出旋转不变因子为余弦函数、正切函数的 ESPRIT-like 算法，分析算法的运算复杂度和克拉美-罗界，并通过仿真验证 ESPRIT-like 算法的性能。

第 7 章，对本书的研究工作进行总结，并对复杂电磁环境下 MIMO 雷达参数估计技术未来的发展进行展望。

本书第 1，4，5 章由宫健完成，第 2，6 章由郭艺夺完成，第 3，7 章由冯存前完成。

本书著写过程中，西安电子科技大学的楼顺天教授、张伟涛副教授审阅了全部书稿，并提出了许多宝贵的修改意见，在此一并向他们致以诚挚的谢意。

最后，向本书所有参考资料的作者和单位表示衷心的感谢。

MIMO 雷达目标角度估计技术的发展日新月异，限于水平和能力，书中难免有纰漏之处，敬请同行、专家批评指正。

著　者

2018 年 8 月

符号对照表

符号	符号名称
$(\cdot)^{H}$	共轭转置
$(\cdot)^{T}$	转置
$(\cdot)^{*}$	共轭
$\otimes$	Kronecker 积
$\odot$	Hadamard 积
$*$	Khatri-Rao 积
$\mathrm{tr}(\cdot)$	矩阵迹
$\mathrm{diag}[\cdot]$	对角矩阵
$\exp(\cdot)$	指数运算
$\mathrm{E}[\cdot]$	期望
$\mathrm{Re}\{\cdot\}$	求实部
$\mathrm{Im}\{\cdot\}$	求虚部
$\mathrm{rank}(\cdot)$	求矩阵的秩
$\mathrm{vec}(\cdot)$	矩阵向量化算子
$\det(\cdot)$	矩阵行列式
$\boldsymbol{A}\{i:j\}$	矩阵 $\boldsymbol{A}$ 的第 i 行至第 j 行构成的矩阵
$[\boldsymbol{a}]_i$	求向量 $\boldsymbol{a}$ 的第 i 个元素
$[\cdot]\in\mathbf{C}$	该值属于复数域
$[\cdot]\in\mathbf{R}$	该值属于实数域
$\arctan(\cdot)$	反正切
$\arcsin(\cdot)$	反正弦
$(\cdot)^{-}$	矩阵的广义逆
$(\cdot)^{\#}$	Moore-Penrose 伪逆
$\mid \mid$	绝对值
$\sum(\cdot)$	求和
$\mathrm{span}(\cdot)$	张成的子空间
$\max(\cdot)$	求最大值
$\min(\cdot)$	求最小值
$\mathrm{Toeplitz}(\cdot)$	构造 Toeplitz 矩阵
$O\{\cdot\}$	同阶量

目　录

第1章　绪　　论

1.1　MIMO雷达目标角度估计研究现状

1908年，Marconi最早将MIMO技术用于抑制信道的衰落[1-4]，提高了无线通信的传输能力。20世纪70年代，法国国家航天局提出了综合脉冲孔径雷达(Synthetic Impulse and Aperture Radar，SIAR)的概念[5-7]。20世纪90年代，西安电子科技大学和中国电子科技集团公司第三十八研究所联合研制了米波稀布阵SIAR样机，被认为是MIMO雷达的最初模型[8-12]。受MIMO技术和SIAR样机的启发，2004年，Fsiher等人首次提出了MIMO雷达的概念，并对其阵列结构、发射波形和接收处理等做出了重要的论述[13-16]。之后，国内外研究机构，如Lincoln实验室、Bell实验室、西安电子科技大学、南京航空航天大学、国防科技大学、空军预警学院等，国际知名学者，如Li Jian、Peter Stoica、E. Fishler、Alexander M. Haimovich、王永良、廖桂生、张小飞、刘宏伟等，均在MIMO雷达领域做出了杰出的贡献，取得了大量有价值的研究成果[17-25]。

目标角度估计作为雷达的一项基本任务，自MIMO雷达诞生之日起就成为非常活跃、发展迅速的一个研究热点。Li Jian和Peter Stoica将Capon算法成功应用于MIMO雷达角度估计中，提出了RCB(Robust Capon Beamforming)、CAML(Combined Capon and Approximate Maximum Likelihood)等算法[26]。之后，传统阵列的MUSIC算法成功在MIMO雷达中应用[27]，但存在需要作二维谱峰搜索且运算量过大的缺点。张小飞等人提出的降维MUSIC算法[28]应运而生，该算法通过分别估计发射角和接收角的方法将二维搜索变成一维搜索，降低了算法的运算量。另一种子空间类算法ESPRIT算法同样成功应用于MIMO雷达[29]，该算法通过对回波协方差矩阵作特征值分解便可以估计出目标角度，避免了谱峰搜索，但是对双基地MIMO雷达需要进行额外的收发角配对处理。文献[30]针对文献[29]中算法需要对目标波达方向和波离方向进行配对处理的问题进行了改进，改进后的ESPRIT算法无需额外的参数配对运算。文献[31]提出了一种基于信号子空间和噪声子空间的联合 ESPRIT-MUSIC 方法，先利用 ESPRIT 方法估计出目标的波离方向(Direction-Of-Departure，DOD)，再利用 MUSIC 算法来估计目标的波达方向(Direction-Of-Arrival，DOA)。子空间类算法均需要对接收数据协方差矩阵作高复杂度的特征值分解，为避免这一问题，谢荣等人将多项式求根的思想应用到 MIMO 雷达中，提出了一种单基地 MIMO 雷达 DOA 算法[32]，实现了在低维数空间进行角度估计；郑志东等人也提出了一种基于传播算子的 DOD 和 DOA 联合估计算法[33]，该算法运算复杂度低并且可使收发角度自动配对；而汤俊等人则将最大似然法应用于 MIMO 雷达[34]，并给出了算法的克拉美-罗界(Cramer-Rao Bound，CRB)。

上述的 MIMO 雷达角度估计方法基本上都是由传统阵列的空间谱估计算法改进而来的，构成了 MIMO 雷达参数估计早期研究的主要内容。随着研究工作的进一步深入，平行因子法、高阶累计量、联合对角化、四元数理论和压缩感知等一些高等数学、信号处理的新的理论方法也被引入 MIMO 雷达，研究工作逐步聚焦在了提高角度估计性能、降低算法运算复杂度、增强算法的稳健性和贴合工程实际应用四个方面。

1.提高角度估计性能方面

文献[35]提出了一种基于三线性分解的二维 DOA 估计算法，比 ESPRIT 算法具有更好的性能并且不需要谱峰搜索或配对；文献[36]提出了一种改进的自适应非对称联合对角化算法，可直接求解出多个目标的收发角度；文献[37－38]将压缩感知(Compressed Sensing，CS)应用于 MIMO 雷达系统，减少了算法所需的样本数量并且具有良好的分辨力；文献[39]提出了一种基于增广相关矩阵的降维(Reduct Dimensionality，RD)MUSIC 算法，增加了可分辨目标的最大数量；文献[40]建立了新的非圆信源 DOA 估计的核范数最小化(Nuclear Norm Minimization，NNM)框架，利用信号的非圆特性扩展了 MIMO 雷达的阵列孔径；文献[41]提出了一种酉核范数最小化(Unitary Nuclear Norm Minimization，UNNM)算法，利用酉变换获得实值数据使虚拟阵列孔径增加了一倍；文献[42]利用传统的前向后平滑构造了实值张量信号模型，用基于高阶奇异值分解的子空间方法估计出了目标的 DOD 和 DOA；文献[43]用基于频率分集阵列(Frequency Diversity Array，FDA)的 ESPRIT 算法和模糊度求解方法，估计出了目标的波离方向、波达方向、距离和速度参数，克服了传统相控阵雷达中高分辨距离估计与速度估计的矛盾；文献[44]将压缩感知与四线性模型理论相结合，用电磁矢量传感器双基地 MIMO 雷达估计出了目标的角度；文献[45]将发射阵列映射到所需的阵列，并抑制感兴趣空间扇区以外的发射功率，提高了接收阵列的信噪比；文献[46]将平面阵列分成多个具有共同参考点的均匀子平面阵列，提出了一种基于时空子空间现代组合方法的二维 DOA 估计算法；文献[47]用大间距的多频率载波扩大了 MIMO 雷达虚拟孔径，提高了 DOA 估计的分辨力；文献[48]基于求导可以锐化功率谱在谱峰处斜率突变的思想，对 MUSIC 算法功率谱函数进行三次求导，提高了 DOA 相近的多目标的角度估计精度；文献[49]提出了一种接收信号协方差 Toeplitz 矩阵的构造方法以实现信号解相干，所提出的算法能够实现低信噪比条件下估计相邻目标方位，具有较好的估计能力；文献[50]提出了基于 FDA 的解模糊方法用于解决距离和速度模糊问题，并仿真验证了所提的方法，能够对目标的角度、距离和速度进行无模糊的联合估计。

2.降低算法运算复杂度方面

文献[51]通过构造四元数模型和增广矩阵实现了对相干目标的角度估计，同时降低了运算复杂度；文献[52]将每个原子的两个向量 Kronecker 积的表示方式分解为两个子字典词典，大幅提高了正交匹配追踪（Orthogonal Matching Pursuit，OMP）算法的计算效率；文献[53]建立了用于高分辨率的稀疏表示（Sparse Representation，SR）模型，并成功将目标三维参数联合估计问题分解为三个计算量减少的子问题；文献[54]提出了一种干扰条件下的降维角度估计方法，通过设计适当的投影滤波器用一维搜索代替了高复杂度的二维搜索；文献[55]提出了一种波束空间 MUSIC 算法，用较低的计算成本实现了较高的角分辨力；文献[56]提出了一种基于协方差矩阵重构的 DOA 估计方法，通过降维变换和对降维协方差矩阵的 Toeplitz 重构，提高了角度估计的运算效率；文献[57]提出了一种基于 Capon 算法的低复杂度的角度估计方法，该算法角度估计精度可以不受给定的网格分辨率的影响；文献[58]对互质的平面阵列二维 DOA 估计进行了研究，通过估计信号和噪声之间的误差构造了一种新的稀疏表示方法，该方法可以实现孔径扩展，估计性能高并且计算复杂度低；文献[59]结合前后向平滑技术和酉变换技术构建去耦后数据的实值增广输出三线性模型，获得了自动配对的 DOD 与 DOA 并降低了算法的复杂度；文献[60]先是通过选取适当的辅助参数得到目标位置和速度的粗略解，而后利用目标位置参数和辅助参数之间的约束关系构建方程得到目标位置和速度的精确估计；文献[61]构造基于酉 MUSIC 的求根多项式，通过求解该实系数多项式的根来得到目标的 DOA 估计，大大降低了算法运算复杂度；文献[62]根据自相关模值的特点确定需要的多级维纳滤波（Multi-stage Wiener Filter，MWF）级数得到扩展子空间，利用 ESPRIT 方法得到目标的 DOD 和

DOA;文献[63]将数据共轭重构的思想应用到传播算子的估计中,该算法具有较低复杂度并且在脉冲数有限、低信噪比条件下性能优越;文献[64]算法通过构造 Toeplitz 矩阵解相干,仅改变矩阵结构且不需要进行特征值分解,降低了计算复杂度;文献[65]利用已估计出来的 DOD 将多目标模型分解成多个单目标模型从而完成 DOA 的快速估计,不需要任何奇异值分解和谱峰搜索而且能够实现自动配对;文献[66]设计了特殊的降维矩阵对目标回波进行降维,将高维数据变换到低维空间处理,最大限度地去除了冗余的数据。

3.增强算法的稳健性方面

文献[67]对目标多散射体的影响进行了初步分析,研究了相干 MIMO 雷达的散射特性、自模糊函数和交叉模糊函数;文献[68]通过在发射和接收阵列中应用两个辅助传感器的方法,降低了阵列互耦、幅相误差和阵元位置误差对双基地 MIMO 雷达角度估计的综合影响;文献[69]提出了一种适用于均匀线阵双基地 MIMO 雷达的阵列互耦自校准方案;文献[70]通过构造四阶交叉协方差张量,消除了空间色噪声对角度估计的影响;文献[71]采用两个选择矩阵补偿导向矩阵的未知耦合效应,并基于 PARAFAC 分解算法估计出了目标的 DOD 和 DOA;文献[72]提出了一种适用于带电磁矢量传感器的单基地 MIMO 雷达的 C-SPD ESPRIT-like 二维波达方向估计算法,降低了幅相误差和阵列耦合对角度估计性能的影响;文献[73]研究了非完全正交波形情况下的 MIMO 雷达 DOA 估计方法,并通过仿真实验证明了算法的稳健性;文献[74-75]利用配置的发射/接收互质阵列,采用基于子空间的算法和基于压缩感知的算法估计出了相干和不相关混合信源的波达方向;文献[76]提出了一种基于误差矩阵估计的四阶累积量稀疏 DOA 估计算法,降低了阵列幅相误差对估计性能的影响;文献[77]研究了三种不同的幅相误差情况下的 MIMO 雷达测向问题,并给出了相应的解决办法;文献[78]利用接收数据的固有结构建立了三线性张量模型,将高阶奇异值分解应用于高维压缩,在阵列存在未知互耦的情况下估计出了目标角度;文献[79]基于空间平滑预处理方法,在电磁矢量(Electromagnetic Vector,EMV)传感器 MIMO 雷达中实现了相干和非相干目标估计,仿真证明该方法显著提高了系统的性能;文献[80]考虑到接收信号为圆信号和非圆信号并存的情况,提出了一种基于 ESPRIT 算法的新的 DOD 和 DOA 联合估计方法;文献[81]构造循环平稳信号下接收数据的循环自相关矩阵,利用 MUSIC、ESPRIT 等空间谱估计算法估计出了宽带信号的收发角;文献[82]将匹配滤波数据表述成一个三阶张量模型,利用部分阵元方向矩阵具有共同的尺度变换特性消除了互耦的影响。

4.贴合工程实际应用方面

文献[83]将三阶张量 PARAFAC 分解应用于 MIMO 雷达，提出了一种非常接近工程应用的批处理算法；文献[84]研究了移动平台上的 MIMO 雷达位置和速度的联合估计性能，给出了参数的最大似然估计方法并推导了克拉美-罗界；文献[85]将 MIMO 技术与天地波雷达系统相结合，研究了天地波 MIMO 雷达的信号模型，并利用 MUSIC 算法实现 L 阵配置下的多目标角度估计；文献[86]从 MIMO 雷达物理实现上着手，对其独特的功率孔径资源设计、低空探测性能、抗干扰能力和测高精度四个关键问题进行了研究；文献[87]针对米波 MIMO 雷达在反射面高度未知情况下对低空目标测角困难的问题，提出了一种基于缩放字典的目标仰角估计算法；文献[88]给出了机载 MIMO 雷达目标坐标和速度的最大似然估计算法，并利用几何定位因子分析了算法的定位精度；文献[89]设计了 MIMO 雷达半实物仿真系统的技术方案，介绍了系统的功能和组成，给出了硬件和软件等关键技术的实现路线；文献[90]研究了 MIMO 雷达信号处理系统的硬件组成及其各模块的功能，并讨论了数字信号处理(Digital Signal Processing，DSP)程序设计及程序优化方法；文献[91]研究了波形正交性、发射方向图的影响因素，依托波形产生系统完成了波形的工程实现，并且成功应用到了雷达系统中；文献[92]提出了一种性价比较高的时分复用(Time Division Multiplexing，TDM)MIMO 雷达系统，将 TDM MIMO 雷达与单输入多输出雷达距离估计和角度估计进行了对比；文献[93]将时反处理的潜力和 MIMO 处理的优势结合，设计了一种分布式 TR-MIMO 探测系统，并通过莫干山湖试结果验证了其探测框架的可行性。

综上所述，MIMO 雷达是一种极具潜力的新体制雷达，必将在未来战场上扮演极其重要的角色；角度估计作为 MIMO 雷达研究的一个重要方向，目前已取得了较为丰硕的成果。然而，面对日益复杂的电磁环境带来的严峻挑战，如相干和非相干混合信源、非理想噪声背景、强电子干扰和大虚拟阵元数等，目前所做的研究工作尚不够深入。

1.2　MIMO 雷达的接收信号模型

1.2.1　双基地 MIMO 雷达模型

假设 MIMO 雷达的发射阵和接收阵天线均不分子阵，阵元数等于信号处理通道数，如图 1.1 所示，发射阵元数为 M，接收阵元数为 N，发射阵和接收阵的阵元间距分别为 d_t 和 d_r。为使接收回波角度不模糊，取 $d_r=\lambda/2$（λ 为电磁波波长）。假设观测目标为 P 个远场点目标，均处在双基地 MIMO 雷达的等距离分辨环内，对应的波离方向 DOD、波达方向 DOA 分别为 φ_p,θ_p $(p=1,2,\cdots,P)$。

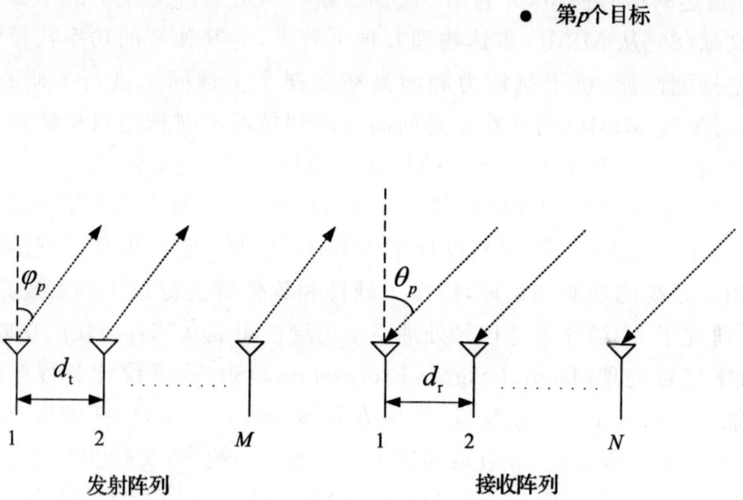

图 1.1　双基地 MIMO 雷达结构

假设双基地 MIMO 雷达发射信号的波形为窄带正交相位编码脉冲信号，其中第 m 个阵元的发射信号记为 $\boldsymbol{s}_m=[s_m(1),s_m(2),\cdots,s_m(K)]^{\mathrm{T}}$，$m=1,2,\cdots,M$，$K$ 为每个脉冲信号的编码长度。则在一个脉冲重复周期（Pulse Repetition Interval，PRI）内，MIMO 雷达接收到的合成回波信号为[94]

$$\boldsymbol{X}=\sum_{p=1}^{P}\gamma_p\beta_p\boldsymbol{a}_{\mathrm{r}}(\theta_p)\boldsymbol{a}_{\mathrm{t}}^{\mathrm{T}}(\varphi_p)\boldsymbol{S}+\boldsymbol{W} \tag{1-1}$$

式中，接收的回波矩阵 $\boldsymbol{X}=[x_1,x_2,\cdots,x_N]^{\mathrm{T}}$，$x_n(n=1,2,\cdots,N)$ 为第 n 个阵元的接收信号；β_p 为第 p 个目标的速度系数；γ_p 为第 p 个目标的反射系数；$\boldsymbol{a}_{\mathrm{r}}(\theta_p)$ 为第 p 个目标的接收导向矢量，且 $\boldsymbol{a}_{\mathrm{r}}(\theta_p)=\left[1,\exp\left(-\mathrm{j}\,\dfrac{2\pi d_{\mathrm{r}}}{\lambda}\sin\theta_p\right),\cdots,\exp\left(-\mathrm{j}\,\dfrac{2\pi(N-1)d_{\mathrm{r}}}{\lambda}\sin\theta_p\right)\right]^{\mathrm{T}}$；$\boldsymbol{a}_{\mathrm{t}}(\varphi_p)$ 为第 p 个目标的发射导向矢量，且 $\boldsymbol{a}_{\mathrm{t}}(\varphi_p)=\left[1,\exp\left(-\mathrm{j}\,\dfrac{2\pi d_{\mathrm{t}}}{\lambda}\sin\varphi_p\right),\cdots,\exp\left(-\mathrm{j}\,\dfrac{2\pi(M-1)d_{\mathrm{t}}}{\lambda}\sin\varphi_p\right)\right]^{\mathrm{T}}$；$\boldsymbol{S}=$

$[\boldsymbol{s}_1, \boldsymbol{s}_2, \cdots, \boldsymbol{s}_M]^{\mathrm{T}}$ 为发射信号矩阵；$\boldsymbol{W}$ 为 $N\times K$ 维的噪声矩阵，通常假设 $\boldsymbol{W}$ 的列向量相互独立，且服从零均值、协方差矩阵为 $\sigma_n^2\boldsymbol{I}_N$ 的复高斯分布。

由于双基地 MIMO 雷达发射信号是相互正交的，则发射信号相关矩阵 $\boldsymbol{R}_S$ 应满足

$$\boldsymbol{R}_S = \frac{1}{K}\boldsymbol{S}\boldsymbol{S}^{\mathrm{H}} = \boldsymbol{I}_M \tag{1-2}$$

接收时，采用 $M\times N$ 个滤波器进行匹配滤波，如图 1.2 所示，每个接收阵元收到的回波都用 M 个匹配滤波器处理，每个滤波器都对应着一个发射阵元上所发出的正交波形信号。

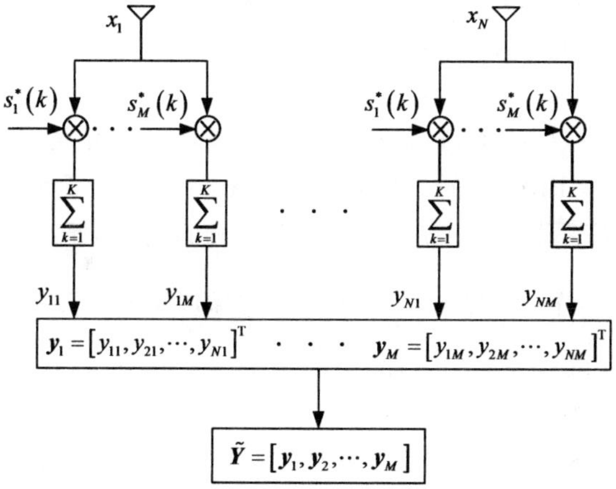

图 1.2　双基地 MIMO 雷达接收端匹配滤波

因此，经过匹配滤波后，并将输出数据写成矩阵形式可表示为

$$\tilde{\boldsymbol{Y}} = \frac{1}{K}\boldsymbol{X}\boldsymbol{S}^{\mathrm{H}} = \sum_{p=1}^{P}\gamma_p\beta_p\boldsymbol{a}_{\mathrm{r}}(\theta_p)\boldsymbol{a}_{\mathrm{t}}^{\mathrm{T}}(\varphi_p) + \tilde{\boldsymbol{N}} \tag{1-3}$$

式中，$\tilde{\boldsymbol{N}} = \frac{1}{K}\boldsymbol{W}\boldsymbol{S}^{\mathrm{H}}$ 表示匹配滤波后的噪声。

通常将 $\tilde{\boldsymbol{Y}}$ 进行向量化处理[95]，即将矩阵 $\tilde{\boldsymbol{Y}}$ 按列排成一列向量，定义 $\tilde{\boldsymbol{Y}}$ 的向量化表示 $\mathrm{vec}(\tilde{\boldsymbol{Y}})$ 为 $\boldsymbol{y}$，则

$$\boldsymbol{y} = \mathrm{vec}(\tilde{\boldsymbol{Y}}) = \sum_{p=1}^{P}\gamma_p\beta_p[\boldsymbol{a}_{\mathrm{r}}(\beta_p)\otimes\boldsymbol{a}_{\mathrm{t}}(\alpha_p)] + \boldsymbol{n} \tag{1-4}$$

式中，$\otimes$表示 Kronecker 积；$\boldsymbol{n} = \mathrm{vec}\left(\frac{1}{K}\boldsymbol{W}\boldsymbol{S}^{\mathrm{H}}\right)$ 为经过匹配滤波器后的噪声输出，

其服从零均值、协方差矩阵为$\frac{1}{K}\sigma_n^2\boldsymbol{I}_{NM}$的复高斯分布，即$\boldsymbol{n}\sim CN\left(0,\frac{1}{K}\sigma_n^2\boldsymbol{I}_{NM}\right)$。

定义目标反射系数和速度系数的乘积为回波系数，用符号$\boldsymbol{\beta}$表示，将式(1-4)写成矩阵形式为

$$\boldsymbol{y}=\boldsymbol{A\beta}+\boldsymbol{n} \tag{1-5}$$

式中，$\boldsymbol{A}=[\boldsymbol{a}_{\mathrm{r}}(\theta_1)\otimes\boldsymbol{a}_{\mathrm{t}}(\varphi_1),\boldsymbol{a}_{\mathrm{r}}(\theta_2)\otimes\boldsymbol{a}_{\mathrm{t}}(\varphi_2),\cdots,\boldsymbol{a}_{\mathrm{r}}(\theta_P)\otimes\boldsymbol{a}_{\mathrm{t}}(\varphi_P)]$为$P$个目标的导向矢量矩阵；$\boldsymbol{\beta}=[\gamma_1\alpha_1,\gamma_2\alpha_2,\cdots,\gamma_P\alpha_P]^{\mathrm{T}}$为$P$个目标的反射系数和速度系数构成的列向量。

当利用L个PRT进行脉冲积累时，则接收数据$\boldsymbol{Y}=[\boldsymbol{y}(t_1),\boldsymbol{y}(t_2),\cdots,\boldsymbol{y}(t_L)]$为$NM\times L$维的矩阵，其中$\boldsymbol{y}(t_l)(l=1,2,\cdots,L)$表示第$l$个PRT脉冲的匹配滤波输出，根据式(1-5)有

$$\boldsymbol{y}(t_l)=\boldsymbol{A\beta}(t_l)+\boldsymbol{n}(t_l) \tag{1-6}$$

式中，$\boldsymbol{\beta}(t_l)=[\gamma_1(t_l)\alpha_1(t_l),\gamma_2(t_l)\alpha_2(t_l),\cdots,\gamma_P(t_l)\alpha_P(t_l)]^{\mathrm{T}}$，$\gamma_p(t_l)$为第$p$个目标在第$l$个PRT内的反射系数；$\alpha_p(t_l)=\mathrm{e}^{\mathrm{j}2\pi f_{\mathrm{d}p}t_l}$为第$p$个目标在第$l$个PRT内的速度系数，其中$f_{\mathrm{d}p}$为第$p$个目标的归一化多普勒频率；$\boldsymbol{n}(t_l)=\mathrm{vec}\left(\frac{1}{K}\boldsymbol{W}(t_l)\boldsymbol{S}^{\mathrm{H}}\right)$，$\boldsymbol{W}(t_l)$为第$l$个PRT内的噪声矩阵。

则样本集$\boldsymbol{Y}$可写为

$$\boldsymbol{Y}=[\boldsymbol{y}(t_1),\boldsymbol{y}(t_2),\cdots,\boldsymbol{y}(t_L)]=\boldsymbol{AB}+\boldsymbol{N} \tag{1-7}$$

式中，$\boldsymbol{B}=[\boldsymbol{\beta}(1),\boldsymbol{\beta}(2),\cdots,\boldsymbol{\beta}(L)]$为$P\times L$维反射系数矩阵，且其列向量相互独立；$\boldsymbol{N}=[\boldsymbol{n}(t_1),\boldsymbol{n}(t_2),\cdots,\boldsymbol{n}(\boldsymbol{t_L})]$为$NM\times L$维噪声矩阵。

对$\boldsymbol{Y}$中的样本数据求协方差矩阵，因为接收数据与噪声不相关，可得[96]

$$\boldsymbol{R_Y}=\mathrm{E}[\boldsymbol{YY}^{\mathrm{H}}]=\boldsymbol{AR_B A}^{\mathrm{H}}+\sigma_n^2\boldsymbol{I}_{NM} \tag{1-8}$$

式中，$\boldsymbol{R_B}=\mathrm{E}[\boldsymbol{BB}^{\mathrm{H}}]$，由于目标回波系数之间的不相关性，$\boldsymbol{R_B}$为满秩矩阵；$\boldsymbol{R_Y}$为$NM\times NM$维矩阵。

对回波的协方差矩阵$\boldsymbol{R_Y}$特征分解，有

$$\boldsymbol{R_Y}=\sum_{i=1}^{P}\lambda_i\boldsymbol{u}_i\boldsymbol{u}_i^{\mathrm{H}}+\sum_{i=P+1}^{NM}\lambda_i\boldsymbol{u}_i\boldsymbol{u}_i^{\mathrm{H}}=\boldsymbol{U}_{\mathrm{s}}\boldsymbol{\Lambda}_{\mathrm{s}}\boldsymbol{U}_{\mathrm{s}}^{\mathrm{H}}+\boldsymbol{U}_{\mathrm{n}}\boldsymbol{\Lambda}_{\mathrm{n}}\boldsymbol{U}_{\mathrm{n}}^{\mathrm{H}} \tag{1-9}$$

则回波协方差矩阵$\boldsymbol{R_Y}$的特征值满足

$$\lambda_1\geqslant\lambda_2\geqslant\cdots\geqslant\lambda_P\geqslant\lambda_{P+1}=\lambda_{P+2}=\cdots=\lambda_{NM}=\sigma^2 \tag{1-10}$$

式中，$\boldsymbol{\Lambda}_{\mathrm{s}}=\mathrm{diag}[\lambda_1,\lambda_2,\cdots,\lambda_P]$为特征值分解得到的$P$个大特征值组成的对角阵，$\boldsymbol{\Lambda}_{\mathrm{n}}=\mathrm{diag}[\lambda_{P+1},\lambda_{P+2},\cdots,\lambda_{NM}]$为特征值分解得到的$NM-P$个小特征值组成的对角阵。$\boldsymbol{U}_{\mathrm{s}}=[\boldsymbol{u}_1,\boldsymbol{u}_2,\cdots,\boldsymbol{u}_P]$和$\boldsymbol{U}_{\mathrm{n}}=[\boldsymbol{u}_{P+1},\boldsymbol{u}_{P+2},\cdots,\boldsymbol{u}_{NM}]$张成的

线性子空间 span $(\boldsymbol{U}_s)$及 span$(\boldsymbol{U}_n)$分别称为信号子空间和噪声子空间。

线性子空间 span$(\boldsymbol{A})$，span$(\boldsymbol{U}_s)$和 span$(\boldsymbol{U}_n)$三者满足

$$\mathrm{span}(\boldsymbol{A})=\mathrm{span}(\boldsymbol{U}_s) \tag{1-11}$$

$$\mathrm{span}(\boldsymbol{U}_s)\perp\mathrm{span}(\boldsymbol{U}_n) \tag{1-12}$$

然而，当脉冲数 L 有限时，回波协方差阵 $\boldsymbol{R}_Y$ 通常由下式近似求得：

$$\hat{\boldsymbol{R}}_Y=\frac{1}{L}\boldsymbol{Y}\boldsymbol{Y}^{\mathrm{H}}=\hat{\boldsymbol{U}}_s\hat{\boldsymbol{\Lambda}}_s\hat{\boldsymbol{U}}_s^{\mathrm{H}}+\hat{\boldsymbol{U}}_n\hat{\boldsymbol{\Lambda}}_n\hat{\boldsymbol{U}}_n^{\mathrm{H}} \tag{1-13}$$

以上为双基地 MIMO 雷达的基础模型，后面章节的研究将以此为依据，更具体的模型和公式将在相应章节的研究内容中列出。

1.2.2　单基地 MIMO 雷达模型

单基地 MIMO 雷达的发射阵列和接收阵列相距很近或是同一阵列，可以看作是发射角和接收角相同的一种特殊形式的双基地 MIMO 雷达，如图 1.3 所示，在其他条件均与双基地 MIMO 雷达相同时，单基地 MIMO 雷达的模型可以用 $\theta_p=\varphi_p$ 的双基地 MIMO 雷达模型来表示[94]。

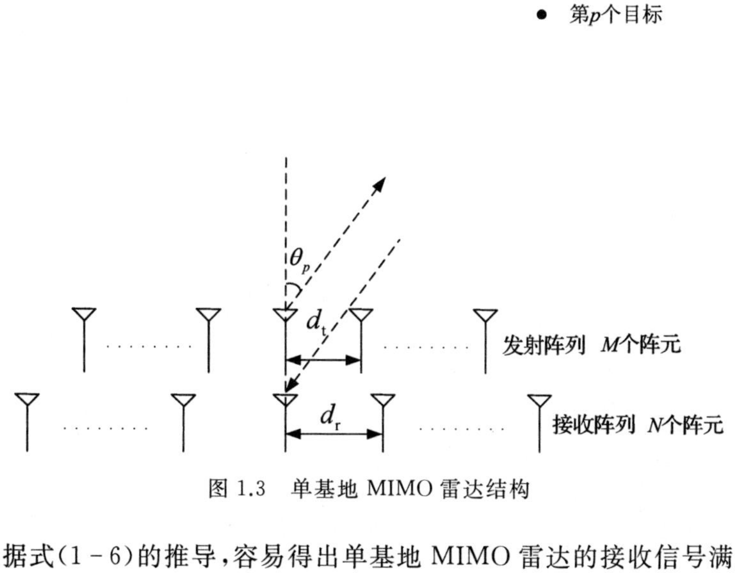

图 1.3　单基地 MIMO 雷达结构

根据式(1-6)的推导，容易得出单基地 MIMO 雷达的接收信号满足

$$\boldsymbol{y}(t_l)=\boldsymbol{A}\boldsymbol{\beta}(t_l)+\boldsymbol{n}(t_l)=$$
$$[\boldsymbol{a}_r(\theta_1)\otimes\boldsymbol{a}_t(\theta_1),\boldsymbol{a}_r(\theta_2)\otimes\boldsymbol{a}_t(\theta_2),\cdots,\boldsymbol{a}_r(\theta_P)\otimes\boldsymbol{a}_t(\theta_P)]\boldsymbol{\beta}(t_l)+\boldsymbol{n}(t_l) \tag{1-14}$$

式中，$\boldsymbol{a}_{\mathrm{r}}(\theta_p)$ 为第 p 个目标的接收导向矢量，且 $\boldsymbol{a}_{\mathrm{r}}(\theta_p)=\left[1,\exp\left(-\mathrm{j}\frac{2\pi d_{\mathrm{r}}}{\lambda}\sin\theta_p\right),\cdots,\exp\left(-\mathrm{j}\frac{2\pi(N-1)d_{\mathrm{r}}}{\lambda}\sin\theta_p\right)\right]^{\mathrm{T}}$；$\boldsymbol{a}_{\mathrm{t}}(\theta_p)$ 为第 p 个目标的发射导向矢量，且 $\boldsymbol{a}_{\mathrm{t}}(\theta_p)=\left[1,\exp\left(-\mathrm{j}\frac{2\pi d_{\mathrm{t}}}{\lambda}\sin\theta_p\right),\cdots,\exp\left(-\mathrm{j}\frac{2\pi(M-1)d_{\mathrm{t}}}{\lambda}\sin\theta_p\right)\right]^{\mathrm{T}}$；其他符号与双基地 MIMO 雷达模型中的意义相同。

同样地，取 L 个脉冲组成的接收信号矩阵为

$$\boldsymbol{Y}=\boldsymbol{A}\boldsymbol{B}+\boldsymbol{N} \tag{1-15}$$

式中，$\boldsymbol{B}=[\boldsymbol{\beta}(1),\boldsymbol{\beta}(2),\cdots,\boldsymbol{\beta}(L)]$ 为 $P\times L$ 维回波系数矩阵，且其列向量相互独立；$\boldsymbol{N}=[\boldsymbol{n}(t_1),\boldsymbol{n}(t_2),\cdots,\boldsymbol{n}(t_L)]$ 为 $NM\times L$ 维噪声矩阵。

第 2 章　色噪声背景下相干信源 MIMO 雷达目标角度估计

2.1　引　　言

当前关于 MIMO 雷达目标角度估计的研究一般均假定环境噪声为服从高斯分布的白噪声[97-98]，但在实际应用中，由于受到敌方有意释放的电子干扰源、分布式信源带来的随机散射和接收通道之间的互耦特性等多方面因素的影响，环境噪声往往表现为具有未知统计特性的非理想有色噪声。此外，电子干扰和低空多径效应使 MIMO 雷达需要对相干信源进行角度估计[99-100]。在色噪声背景和相干信源的条件下，MUSIC 算法、ESPRIT 算法等经典子空间类算法的角度估计性能将变得很差，因此，如何解决好这个问题已经引起了学者们的高度重视[101-103]。文献[104,143]构造了回波数据的四阶累积量矩阵，在色噪声和白噪声背景下均可以有效地估计出目标的角度，却没有消除相干信源的影响；文献[105]对四阶累计量数据实施抽取得到扩展旋转不变因子，具有较高的孔径利用率且不存在相位模糊，但是运算复杂度较高；文献[106]通过一组接收数据的 Toeplitz 子矩阵，重构得到协方差矩阵达到解相干的目的，但是不能抑制高斯色噪声；文献[107]研究了空间差分平滑（Spatial Difference Smoothing, SDS）算法，该算法可以在色噪声背景下估计出相干信源的角度，但是存在着特定情况下的秩亏损问题。

色噪声背景下相干信源的 MIMO 雷达角度估计所面临的特殊问题主要有三点：一是需要对色噪声进行抑制，二是需要对相关信源解相干，三是需要快速角度估计算法解决大虚拟阵元数带来的高复杂度的问题。本章给出了一种基于多级维纳滤波的改进空间差分平滑（MWF-IFBSDS）算法。该算法同时实现了对相干信源的解相干和对色噪声的抑制，具有更好的角度估计性能，且相比矩阵分解类角度估计算法运算量小。

2.2 色噪声下回波模型及其特征

2.2.1 回波信号模型

考虑如图 1.3 所示的单基地 MIMO 雷达，发射天线和接收天线分别采用 M 阵元和的 N 阵元的均匀线阵，取阵元间距 $d=\lambda/2$，λ 为载波波长。假设雷达远场有 P 个目标，波达方向(DOA)和波离方向(DOD)均为 θ_p。根据式(1-14)，在目标为理想点目标情况下，接收的回波信号经过匹配滤波后可得

$$\boldsymbol{y}=\boldsymbol{A\beta}(t)+\boldsymbol{n}(t) \tag{2-1}$$

式中，$\boldsymbol{A}=[\boldsymbol{a}_{\mathrm{r}}(\theta_1)\otimes\boldsymbol{a}_{\mathrm{t}}(\theta_1),\boldsymbol{a}_{\mathrm{r}}(\theta_2)\otimes\boldsymbol{a}_{\mathrm{t}}(\theta_2),\cdots,\boldsymbol{a}_{\mathrm{r}}(\theta_P)\otimes\boldsymbol{a}_{\mathrm{t}}(\theta_P)]$，第 p 个目标的发射导向矢量为 $\boldsymbol{a}_{\mathrm{t}}(\theta_p)=[1,\exp(-\mathrm{j}\pi\sin\theta_p),\cdots,\exp(-\mathrm{j}\pi(M-1)\sin\theta_p)]^{\mathrm{T}}$，接收导向矢量为 $\boldsymbol{a}_{\mathrm{r}}(\theta_p)=[1,\exp(-\mathrm{j}\pi\sin\theta_p),\cdots,\exp(-\mathrm{j}\pi(N-1)\sin\theta_p)]^{\mathrm{T}}$，$\boldsymbol{\beta}=[\xi_1\mathrm{e}^{\mathrm{j}2\pi f_{\mathrm{d}1}t},\xi_2\mathrm{e}^{\mathrm{j}2\pi f_{\mathrm{d}2}t},\cdots,\xi_P\mathrm{e}^{\mathrm{j}2\pi f_{\mathrm{d}P}t}]^{\mathrm{T}}$，$\xi_p$ 为第 p 个目标的反射系数，$f_{\mathrm{d}p}$ 为第 p 个目标的归一化多普勒频率，t 表示目标回波相对于发射信号的延迟时间，$\boldsymbol{n}(t)$ 表示噪声列向量，$\otimes$ 表示 Kronecker 积。

若定义

$$\boldsymbol{a}_{\mathrm{r}}(\theta_p)\otimes\boldsymbol{a}_{\mathrm{t}}(\theta_p)\overset{\mathrm{def}}{=\!=}\boldsymbol{Fb}(\theta_p) \tag{2-2}$$

式中，$\boldsymbol{b}(\theta_p)=[1,\exp(-\mathrm{j}\pi\sin\theta_p),\cdots,\exp(-\mathrm{j}\pi(M+N-1)\sin\theta_p)]^{\mathrm{T}}$，$\boldsymbol{F}\in\mathbf{C}^{MN\times(M+N-1)}$ 为降维变换矩阵，可以表示成[94]

$$\boldsymbol{F}=\left[\begin{array}{ccccccc}
1 & 0 & \cdots & 0 & 0 & \cdots & 0\\
0 & 1 & \cdots & 0 & 0 & \cdots & 0\\
\vdots & \vdots & & \vdots & \vdots & & \vdots\\
0 & 0 & \cdots & 1 & 0 & \cdots & 0\\
0 & 1 & \cdots & 0 & 0 & \cdots & 0\\
0 & 0 & 1 & 0 & 0 & \cdots & 0\\
\vdots & \vdots & & \vdots & \vdots & & \vdots\\
0 & 0 & \cdots & 0 & 1 & \cdots & 0\\
 & & & \vdots & & & \\
0 & \cdots & 0 & 1 & 0 & \cdots & 0\\
0 & \cdots & 0 & 0 & 1 & \cdots & 0\\
\vdots & & \vdots & \vdots & \vdots & & \vdots\\
0 & \cdots & 0 & 0 & 0 & \cdots & 1
\end{array}\right]
\begin{array}{l}
\left.\begin{array}{l}\\ \\ \\ \\ \end{array}\right\}M\\
\left.\begin{array}{l}\\ \\ \\ \\ \end{array}\right\}M\\
\\
\left.\begin{array}{l}\\ \\ \\ \\ \end{array}\right\}M
\end{array}
\in\mathbf{C}^{MN\times(M+N-1)} \tag{2-3}$$

则矩阵 $\boldsymbol{A}$ 可以表示为

$$\boldsymbol{A}=\boldsymbol{F}\boldsymbol{B} \tag{2-4}$$

式中，$\boldsymbol{B}=[\boldsymbol{b}(\theta_1),\boldsymbol{b}(\theta_2),\cdots,\boldsymbol{b}(\theta_P)]\in\mathbf{C}^{(M+N-1)P}$，为一个 Vanermonde 矩阵。

根据式(2-3)，定义 $\boldsymbol{W}\overset{\text{def}}{=\!=}\boldsymbol{F}^{\mathrm{H}}\boldsymbol{F}$，可以计算得到

$$\boldsymbol{W}=\mathrm{diag}(1,2,\cdots,\underbrace{\min(M,N),\cdots,\min(M,N)}_{|M-N|+1},\cdots,2,1) \tag{2-5}$$

用降维变换 $\boldsymbol{W}^{-1}\boldsymbol{F}^{\mathrm{H}}$ 左乘匹配滤波后的信号矩阵，可以得到

$$\begin{aligned}\boldsymbol{y}'(t_l)&=\boldsymbol{W}^{-1}\boldsymbol{F}^{\mathrm{H}}\boldsymbol{y}(t_l)=\boldsymbol{W}^{-1}\boldsymbol{F}^{\mathrm{H}}(\boldsymbol{F}\boldsymbol{B})\boldsymbol{\beta}(t_l)+\boldsymbol{W}^{-1}\boldsymbol{F}^{\mathrm{H}}\boldsymbol{n}(t_l)=\\&\boldsymbol{B}\boldsymbol{\beta}(t_l)+\boldsymbol{n}'(t_l)\end{aligned} \tag{2-6}$$

式中，$\boldsymbol{n}'(t_l)=\boldsymbol{W}^{-1}\boldsymbol{F}^{\mathrm{H}}\boldsymbol{n}(t_l)$ 为一个 $(M+N-1)$ 维的加性噪声向量。

当 P 个目标中既有独立信源也有相干信源时，不妨设前 G 个为相干信源，$U=P-G$ 为独立信源个数，则相干信源组成的阵列流形可以表示为 $\boldsymbol{B}_{\mathrm{c}}=[\boldsymbol{b}(\theta_1),\boldsymbol{b}(\theta_2),\cdots,\boldsymbol{b}(\theta_G)]$，独立信源组成的阵列流形可以表示为 $\boldsymbol{B}_{\mathrm{nc}}=[\boldsymbol{b}(\theta_{G+1}),\cdots,\boldsymbol{b}(\theta_P)]$。非相干信源可以表示为 $\boldsymbol{\beta}_{\mathrm{nc}}(t)=[\beta_{G+1}(t),\cdots,\beta_P(t)]^{\mathrm{T}}$，若用 ρ_i 表示第 i 个相干源的生成因子，则相干信源可以表示为 $\boldsymbol{\beta}_{\mathrm{c}}(t)=\boldsymbol{\rho}\beta_0(t)$，匹配滤波后的回波信号可表示为

$$\begin{aligned}\boldsymbol{y}&=\sum_{i=1}^{G}\boldsymbol{b}(\theta_i)\rho_i\beta_0(t)+\sum_{j=G+1}^{P}\boldsymbol{b}(\theta_j)\beta_j(t)+\boldsymbol{n}'(t)=\\&\boldsymbol{B}_{\mathrm{c}}\boldsymbol{\beta}_{\mathrm{c}}(t)+\boldsymbol{B}_{\mathrm{nc}}\boldsymbol{\beta}_{\mathrm{nc}}(t)+\boldsymbol{n}'(t)\end{aligned} \tag{2-7}$$

2.2.2 协方差矩阵特征

根据式(2-7)可以计算出单基地 MIMO 雷达接收信号降维处理后的协方差矩阵 $\boldsymbol{R}$ 为

$$\begin{aligned}\boldsymbol{R}&=\mathrm{E}[(\boldsymbol{B}_{\mathrm{c}}\boldsymbol{\beta}_{\mathrm{c}}(t)+\boldsymbol{B}_{\mathrm{nc}}\boldsymbol{\beta}_{\mathrm{nc}}(t)+\boldsymbol{n}'(t))(\boldsymbol{B}_{\mathrm{c}}\boldsymbol{\beta}_{\mathrm{c}}(t)+\boldsymbol{B}_{\mathrm{nc}}\boldsymbol{\beta}_{\mathrm{nc}}(t)+\boldsymbol{n}'(t))^{\mathrm{H}}]=\\&\boldsymbol{B}_{\mathrm{c}}\mathrm{E}[\boldsymbol{\beta}_{\mathrm{c}}(t)\boldsymbol{\beta}_{\mathrm{c}}(t)^{\mathrm{H}}]\boldsymbol{B}_{\mathrm{c}}^{\mathrm{H}}+\boldsymbol{B}_{\mathrm{nc}}\mathrm{E}[\boldsymbol{\beta}_{\mathrm{nc}}(t)\boldsymbol{\beta}_{\mathrm{nc}}(t)^{\mathrm{H}}]\boldsymbol{B}_{\mathrm{nc}}^{\mathrm{H}}+\mathrm{E}[\boldsymbol{n}'(t)\boldsymbol{n}'(t)^{\mathrm{H}}]=\\&\boldsymbol{B}_{\mathrm{c}}\boldsymbol{P}_{\mathrm{c}}\boldsymbol{B}_{\mathrm{c}}^{\mathrm{H}}+\boldsymbol{B}_{\mathrm{nc}}\boldsymbol{P}_{\mathrm{nc}}\boldsymbol{B}_{\mathrm{nc}}^{\mathrm{H}}+\boldsymbol{\varphi}=\\&\boldsymbol{R}_{\mathrm{c}}+\boldsymbol{R}_{\mathrm{nc}}+\boldsymbol{\varphi}\end{aligned} \tag{2-8}$$

式中，$\boldsymbol{\varphi}$ 表示色噪声协方差阵，$\boldsymbol{R}_{\mathrm{c}}$，$\boldsymbol{R}_{\mathrm{nc}}$ 分别为相干源和独立源的协方差阵。

命题一：单基地 MIMO 雷达的混合信源协方差矩阵可以分解为 $\boldsymbol{R}_{\mathrm{c}}$，$\boldsymbol{R}_{\mathrm{nc}}$ 和 $\boldsymbol{\varphi}$ 三部分，其中 $\boldsymbol{R}_{\mathrm{nc}}$ 为 Hermite，Toeplitz 矩阵，$\boldsymbol{R}_{\mathrm{c}}$ 为 Hermite，非 Toeplitz 矩阵，$\boldsymbol{\varphi}$ 在空间平稳色噪声时为 Hermite，Toeplitz 矩阵。

证明：

因为 $\boldsymbol{R}_{\mathrm{c}}^{\mathrm{H}}=\{\boldsymbol{B}_{\mathrm{c}}\mathrm{E}[\boldsymbol{\beta}_{\mathrm{c}}(t)\boldsymbol{\beta}_{\mathrm{c}}(t)^{\mathrm{H}}]\boldsymbol{B}_{\mathrm{c}}^{\mathrm{H}}\}^{\mathrm{H}}=$

$$\boldsymbol{B}_{\mathrm{c}}\mathrm{E}\left[\boldsymbol{\beta}_{\mathrm{c}}(t)\boldsymbol{\beta}_{\mathrm{c}}(t)^{\mathrm{H}}\right]^{\mathrm{H}}\boldsymbol{B}_{\mathrm{c}}^{\mathrm{H}}=$$
$$\boldsymbol{B}_{\mathrm{c}}\mathrm{E}\left[\boldsymbol{\beta}_{\mathrm{c}}(t)\boldsymbol{\beta}_{\mathrm{c}}(t)^{\mathrm{H}}\right]\boldsymbol{B}_{\mathrm{c}}^{\mathrm{H}}=$$
$$\boldsymbol{R}_{\mathrm{c}}$$

所以 $\boldsymbol{R}_{\mathrm{c}}$ 为 Hermite 矩阵。

同理,可证 $\boldsymbol{R}_{\mathrm{nc}}$ 和 $\boldsymbol{\varphi}$ 为 Hermite 矩阵。

因为 $\boldsymbol{\varphi}=\mathrm{E}\left[\boldsymbol{n}'(t)\boldsymbol{n}'(t)^{\mathrm{H}}\right]=$

$$\mathrm{E}\begin{bmatrix} n_1n_1^* & n_1n_2^* & \cdots & n_1n_{M+N-1}^* \\ n_2n_1^* & n_2n_2^* & \cdots & n_2n_{M+N-1}^* \\ \vdots & \vdots & & \vdots \\ n_{M+N-1}n_1^* & n_{M+N-1}n_2^* & \cdots & n_{M+N-1}n_{M+N-1}^* \end{bmatrix}$$

当噪声 $\boldsymbol{n}'(t)$空间平稳相关时,它在各阵元的上的功率相等且在不同阵元上满足相关性,则由平稳随机序列的性质可知噪声协方差矩阵为 Toeplitz 矩阵。

当信源为独立信源时,信源的协方差 $\mathrm{E}\left[\boldsymbol{\beta}_{\mathrm{nc}}(t)\boldsymbol{\beta}_{\mathrm{nc}}(t)^{\mathrm{H}}\right]$可以表示为对角阵,即

$$\boldsymbol{\Lambda}_{\mathrm{nc}}=\mathrm{E}\left[\boldsymbol{\beta}_{\mathrm{nc}}(t)\boldsymbol{\beta}_{\mathrm{nc}}(t)^{\mathrm{H}}\right]=\mathrm{diag}\left[\Lambda_1,\Lambda_2,\cdots,\Lambda_U\right]$$

所以 $\boldsymbol{R}_{\mathrm{nc}}=\boldsymbol{B}_{\mathrm{nc}}\mathrm{E}\left[\boldsymbol{\beta}_{\mathrm{nc}}(t)\boldsymbol{\beta}_{\mathrm{nc}}(t)^{\mathrm{H}}\right]\boldsymbol{B}_{\mathrm{nc}}^{\mathrm{H}}=$

$$\begin{bmatrix} 1 & 1 & \cdots & 1 \\ \mathrm{e}^{\mathrm{j}\pi\sin\theta_1} & \mathrm{e}^{\mathrm{j}\pi\sin\theta_2} & \cdots & \mathrm{e}^{\mathrm{j}\pi\sin\theta_U} \\ \vdots & \vdots & & \vdots \\ \mathrm{e}^{\mathrm{j}\pi(M+N-2)\sin\theta_1} & \mathrm{e}^{\mathrm{j}\pi(M+N-2)\sin\theta_2} & \cdots & \mathrm{e}^{\mathrm{j}\pi(M+N-2)\sin\theta_U} \end{bmatrix}\begin{bmatrix} \Lambda_1 & & & \\ & \Lambda_2 & & \\ & & \ddots & \\ & & & \Lambda_U \end{bmatrix}\times$$
$$\begin{bmatrix} 1 & 1 & \cdots & 1 \\ \mathrm{e}^{\mathrm{j}\pi\sin\theta_1} & \mathrm{e}^{\mathrm{j}\pi\sin\theta_2} & \cdots & \mathrm{e}^{\mathrm{j}\pi\sin\theta_U} \\ \vdots & \vdots & & \vdots \\ \mathrm{e}^{\mathrm{j}\pi(M+N-2)\sin\theta_1} & \mathrm{e}^{\mathrm{j}\pi(M+N-2)\sin\theta_2} & \cdots & \mathrm{e}^{\mathrm{j}\pi(M+N-2)\sin\theta_U} \end{bmatrix}^{\mathrm{H}}$$

所以 $\boldsymbol{R}_{\mathrm{nc}}^{i,j}=\boldsymbol{R}_{\mathrm{nc}}^{i+1,j+1}$, $i=1,2,\cdots,U-1$ 且 $j=1,2,\cdots,U-1$。即 $\boldsymbol{R}_{\mathrm{nc}}$为 Toeplitz 矩阵。

同理,当信源相干或相关时,信源的协方差 $\mathrm{E}\left[\boldsymbol{\beta}_{\mathrm{c}}(t)\boldsymbol{\beta}_{\mathrm{c}}(t)^{\mathrm{H}}\right]$不再为对角阵,有

$$\boldsymbol{R}_{\mathrm{c}}^{i,j}\neq\boldsymbol{R}_{\mathrm{c}}^{i+1,j+1}\ i=1,2,\cdots,G-1\text{ 且 }j=1,2,\cdots,G-1$$

所以 $\boldsymbol{R}_{\mathrm{c}}$ 为非 Toeplitz 矩阵。

命题二:若 $\boldsymbol{B}_{\mathrm{c}}\boldsymbol{\rho}$ 表示相干信源部分的阵列流形矩阵,相干性使导向矢量

因线性叠加而退化成 $(M+N-1)\times 1$ 维矢量，其协方差矩阵会退化成常数 $\eta=\mathrm{E}[\beta_0(t)\beta_0^{\mathrm{H}}(t)]$。将 $\boldsymbol{R}$ 特征分解将得到 $U+1$ 维退化的信号子空间和 $M+N-U-2$ 维扩充的噪声子空间，使用特征分解类算法进行 DOA 估计是无效的。

若噪声 $\boldsymbol{n}'(t)$ 是均值为 0，方差为 σ_n^2 的高斯白噪声，并且在时域和空域上均是独立的，则其协方差矩阵为 $\boldsymbol{\varphi}=\sigma_n^2\boldsymbol{I}$；若噪声 $\boldsymbol{n}'(t)$ 在各阵元上功率相等且在各阵元间满足相关性，则协方差矩阵 $\boldsymbol{\varphi}$ 为复对称 Toeplitz 矩阵，在这种空间色噪声背景下，使用经典 DOA 算法进行角度估计存在着较大的误差，理论噪声与真实噪声不一致时造成的角度估计性能损失可参见文献[108]。

2.3　基于多级维纳滤波的 ISDS 角度估计算法

2.3.1　空间平滑算法的改进

假设单基地 MIMO 雷达进行降维变换后的虚拟阵元数为 I，则 $I=M+N-1$，采用常规空间平滑方法对相干信源进行解相干运算，如图 2.1 所示。

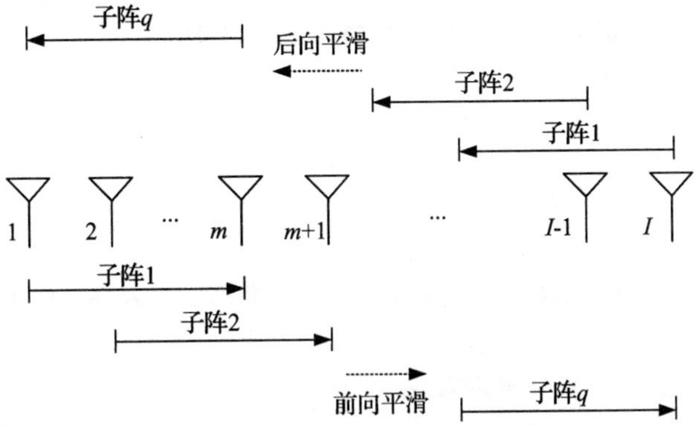

图 2.1　阵列空间平滑算法示意图

前向空间平滑（Forward Space Smoothing，FSS）算法将阵列划分为 $q(q\geqslant G+1)$ 个子阵，各子阵的阵元个数为 $m=I-q+1$，利用均匀线阵（Uniform Linear Array，ULA）划分出的子阵之间的平移不变性质，可将 q 个子阵的自协方差阵表示为 m 阶阵：

$$\boldsymbol{R}_m^{ii}=\boldsymbol{B}_m\boldsymbol{D}^{i-1}\boldsymbol{P}\,(\boldsymbol{D}^{i-1})^{\mathrm{H}}\boldsymbol{B}_m^{\mathrm{H}}+\sigma^2\boldsymbol{I}_m,\quad i=1,\cdots,q \tag{2-9}$$

式中，$\boldsymbol{R}_m^{ii}=\boldsymbol{R}(i:I+i-q,i:I+i-q)$；$\boldsymbol{B}_m$ 为初始子阵 $m\times G$ 的阵列流形；σ^2

表示噪声功率值；$\boldsymbol{D}=\mathrm{diag}[\mathrm{e}^{-\mathrm{j}\pi\sin\theta_1},\mathrm{e}^{-\mathrm{j}\pi\sin\theta_2},\cdots,\mathrm{e}^{-\mathrm{j}\pi\sin\theta_G}]$。

对 q 个 m 阶的自协方差矩阵取平均，可以得到常规的前向空间平滑算法的等效协方差矩阵 $\boldsymbol{R}_{\mathrm{f}}$：

$$\boldsymbol{R}_{\mathrm{f}}=\frac{1}{q}\sum_{i=1}^{q}\boldsymbol{R}_m^{ii} \tag{2-10}$$

前后向空间平滑(Forward and Backward Space Smoothing，FBSS)算法与FSS算法的原理基本相同，区别在于FBSS是同时在前、后两个方向上进行平滑运算，其子阵的协方差阵可以表示为

$$\boldsymbol{R}_{\mathrm{fb}}=\frac{1}{2q}\sum_{i=1}^{q}[\boldsymbol{R}_m^{ii}+\boldsymbol{R}_m^{ii}]=\frac{1}{2q}\sum_{i=1}^{q}[\boldsymbol{R}_m^{ii}+\boldsymbol{J}(\boldsymbol{R}_m^{ii})^*\boldsymbol{J}] \tag{2-11}$$

式中，$\boldsymbol{J}$ 表示 m 阶的置换矩阵；$*$ 表示共轭运算。

当同时满足 $m>G$ 和 $q\geqslant G$ 两个条件时，FSS算法可以对相干信源数目为 G 的阵列接收数据解相干，使 $G\times G$ 的协方差矩阵恢复为满秩的形式。

从对相干信源协方差矩阵 $\boldsymbol{R}_{\mathrm{c}}$ 预处理的角度来看，FSS算法是将 $\boldsymbol{R}_{\mathrm{c}}$ 沿主对角线的 q 个 $m\times m$ 阶子矩阵取平均。为了进一步挖掘接收数据的有用信息，从加强主对角元素影响和加入子阵间互相关信息两个方向入手，对常规空间平滑算法做了改进，新的平滑矩阵将 q 个子阵自相关矩阵做互相关运算，并且将对称子阵互相关矩阵做互相关运算后再取平均，有

$$\widetilde{\boldsymbol{R}}_{\mathrm{f}}=\frac{1}{2q}\sum_{i=1}^{q}\sum_{j=1}^{q}(\boldsymbol{R}_m^{ii}\boldsymbol{R}_m^{jj}+\boldsymbol{R}_m^{ij}\boldsymbol{R}_m^{ji}) \tag{2-12}$$

$$\begin{aligned}\widetilde{\boldsymbol{R}}_{\mathrm{fb}}&=\frac{1}{4q}\sum_{i=1}^{q}\sum_{j=1}^{q}[(\boldsymbol{R}_m^{ii}\boldsymbol{R}_m^{jj}+\boldsymbol{R}_m^{ij}\boldsymbol{R}_m^{ji})+(\bar{\boldsymbol{R}}_m^{ii}\bar{\boldsymbol{R}}_m^{jj}+\bar{\boldsymbol{R}}_m^{ij}\bar{\boldsymbol{R}}_m^{ji})]=\\&\frac{1}{4q}\sum_{i=1}^{q}\sum_{j=1}^{q}[(\boldsymbol{R}_m^{ii}\boldsymbol{R}_m^{jj}+\boldsymbol{R}_m^{ij}\boldsymbol{R}_m^{ji})+\boldsymbol{J}(\boldsymbol{R}_m^{ii}\boldsymbol{R}_m^{jj}+\boldsymbol{R}_m^{ij}\boldsymbol{R}_m^{ji})^*\boldsymbol{J}]\end{aligned} \tag{2-13}$$

2.3.2 修正空间差分平滑算法

空间差分平滑(SDS)算法由文献[107]提出，利用均匀线阵协方差矩阵的Toeplitz分解特性和差分平滑运算，可以实现在色噪声背景下对相干信源的角度估计，其基本原理如下所述。

空间差分矩阵的表达式为

$$\Delta\boldsymbol{R}\overset{\mathrm{def}}{=\!=}\boldsymbol{R}-\boldsymbol{J}\boldsymbol{R}^*\boldsymbol{J} \tag{2-14}$$

将式(2-8)代入式(2-14)，有

$$\Delta\boldsymbol{R}=\boldsymbol{R}_{\mathrm{c}}+\boldsymbol{R}_{\mathrm{nc}}+\boldsymbol{\varphi}-\boldsymbol{J}(\boldsymbol{R}_{\mathrm{c}}+\boldsymbol{R}_{\mathrm{nc}}+\boldsymbol{\varphi})^*\boldsymbol{J} \tag{2-15}$$

式中，$\boldsymbol{R}_{\mathrm{nc}}$ 与 $\boldsymbol{\varphi}$ 为 Hermite，Toeplitz 阵，符合共轭倒序不变性：

$$\boldsymbol{R}_{\mathrm{nc}}=\boldsymbol{J}\boldsymbol{R}_{\mathrm{nc}}^{*}\boldsymbol{J},\quad \boldsymbol{\varphi}=\boldsymbol{J}\boldsymbol{\varphi}^{*}\boldsymbol{J} \tag{2-16}$$

所以，式(2-15)可以改写成

$$\Delta\boldsymbol{R}=\boldsymbol{R}_{\mathrm{c}}-\boldsymbol{J}\boldsymbol{R}_{\mathrm{c}}^{*}\boldsymbol{J} \tag{2-17}$$

由式(2-17)可见，$\Delta\boldsymbol{R}$ 中没有了噪声项，也没有了独立信源的 Toeplitz 项，只含有相干信源的 $\boldsymbol{R}_{\mathrm{c}}$ 信息。

根据矩阵 $\Delta\boldsymbol{R}$ 的构造过程可知，K 阶矩阵 $\Delta\boldsymbol{R}$ 满足条件 $\Delta\boldsymbol{R}(i,j)=-\Delta\boldsymbol{R}(K-j+1,K-i+1)$，即 $\Delta\boldsymbol{R}$ 为一负反对称矩阵，其特征值是正负组合出现的。又因为矩阵的迹等于特征值之和，所以当 $\Delta\boldsymbol{R}$ 的阶数 K 是奇数时，必然有一个特征值为零，此时有

$$\operatorname{rank}(\Delta\boldsymbol{R})=K-1 \tag{2-18}$$

可见，矩阵 $\Delta\boldsymbol{R}$ 的负反对称性会使其在特定情况下出现秩亏损，需要同时对所求得的差分矩阵 $\Delta\boldsymbol{R}$ 进行修正和解相干处理。为此提出了一种修正空间差分平滑(ISDS)算法，通过式(2-12)和式(2-13)对 $\Delta\boldsymbol{R}$ 预处理，有

$$\Delta\widetilde{\boldsymbol{R}}_{\mathrm{f}}=\frac{1}{2q}\sum_{i=1}^{q}\sum_{j=1}^{q}(\Delta\boldsymbol{R}_{m}^{ii}\Delta\boldsymbol{R}_{m}^{jj}+\Delta\boldsymbol{R}_{m}^{ij}\Delta\boldsymbol{R}_{m}^{ji}) \tag{2-19}$$

$$\Delta\widetilde{\boldsymbol{R}}_{\mathrm{fb}}=\frac{1}{4q}\sum_{i=1}^{q}\sum_{j=1}^{q}[(\Delta\boldsymbol{R}_{m}^{ii}\Delta\boldsymbol{R}_{m}^{jj}+\Delta\boldsymbol{R}_{m}^{ij}\Delta\boldsymbol{R}_{m}^{ji})+\boldsymbol{J}(\Delta\boldsymbol{R}_{m}^{ii}\Delta\boldsymbol{R}_{m}^{jj}+\Delta\boldsymbol{R}_{m}^{ij}\Delta\boldsymbol{R}_{m}^{ji})^{*}\boldsymbol{J}] \tag{2-20}$$

式中，$\Delta\boldsymbol{R}_{m}^{ii}=\Delta\boldsymbol{R}(i:I+i-q,i:I+i-q)$，$\Delta\boldsymbol{R}_{m}^{ij}=\Delta\boldsymbol{R}(i:I+i-q,j:I+j-q)$。

可以证明，经过修正的矩阵 $\Delta\widetilde{\boldsymbol{R}}_{\mathrm{f}}$ 和 $\Delta\widetilde{\boldsymbol{R}}_{\mathrm{fb}}$ 的秩为 G，避免了负反对称阵存在的秩亏损问题。

为了进一步区分所提出的 ISDS 算法，将式(2-19)的运算称为前向修正空间差分平滑(IFSDS)算法，将式(2-20)的运算称为前后向修正空间差分平滑(IFBSDS)算法。

2.3.3　MWF-ISDS 算法原理

进行式(2-6)的降维变换后，MIMO 雷达的虚拟阵元数 $I=M+N-1$，之后的 ISDS 处理不会改变阵列的维数。当虚拟阵元数较大时，直接通过特征值分解来获得信号子空间计算量较大。为此，给出基于多级维纳滤波的修正空间差分平滑(MWF-ISDS)算法，利用多级维纳滤波的分解过程求出信号子空间，进一步降低算法的运算复杂度。

多级维纳滤波(MWF)是由 Coldstein 等人[109]在 1988 年提出的一种有效的降维方法，其主要思想是将观测信号正交分解为一个垂直于参考信号和观测信号互相关矢量的子空间和一个平行于这个子空间的子空间，可持续对每次正交分解得到的垂直于互相关矢量的子空间进行 $D(D\leqslant I)$ 次分解得到 $I\times D$ 维的矩阵对观测信号进行降维变换，如图 2.2 所示。

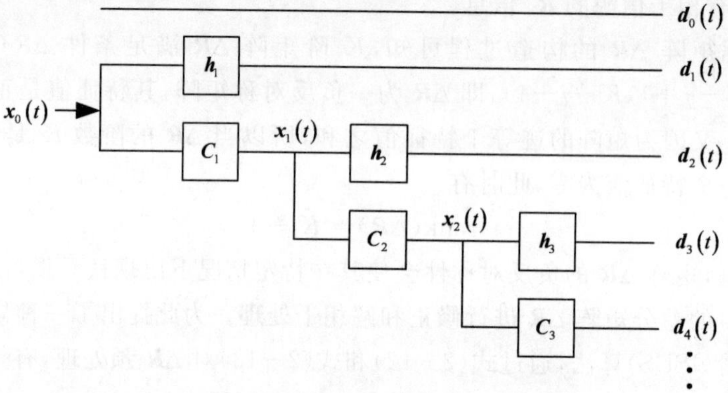

图 2.2　多级维纳滤波前向递推流程图

图 2.2 中，$\boldsymbol{d}=[\boldsymbol{d}_1,\boldsymbol{d}_2,\cdots,\boldsymbol{d}_D]^{\mathrm{T}}$ 为导向矢量空间，它可以表示为

$$\boldsymbol{d}=[\boldsymbol{d}_1,\boldsymbol{d}_2,\cdots,\boldsymbol{d}_D]^{\mathrm{T}}=\begin{bmatrix}\boldsymbol{h}_1\\ \boldsymbol{B}_1\boldsymbol{h}_2\\ \vdots\\ \prod_{r=1}^{D-2}\boldsymbol{B}_r\boldsymbol{h}_{D-1}\\ \prod_{r=1}^{D-1}\boldsymbol{B}_r\end{bmatrix}\cdot\boldsymbol{x}_0(t) \tag{2-21}$$

式中，D 表示滤波递推次数。

若用向量 $[w_1,w_2,\cdots,w_I]=\left[\boldsymbol{h}_1,\boldsymbol{B}_1\boldsymbol{h}_2,\cdots,\prod_{r=1}^{D-2}\boldsymbol{B}_{\mathrm{r}}\boldsymbol{h}_{D-1},\prod_{r=1}^{D-1}\boldsymbol{B}_r\right]$ 表示多级维纳滤波器前向递推的匹配滤波器，则可以证明[110]：

$$\mathrm{span}\{w_1,w_2,\cdots,w_I\}=\mathrm{span}\{\boldsymbol{h}_1,\boldsymbol{R}_{\mathrm{r}}\boldsymbol{h}_1,\boldsymbol{R}_{\mathrm{r}}^2\boldsymbol{h}_1,\cdots,\boldsymbol{R}_{\mathrm{r}}^{I-1}\boldsymbol{h}_1\} \tag{2-22}$$

式中，$\boldsymbol{R}_{\mathrm{r}}$ 表示 MIMO 雷达的接收数据协方差矩阵；I 为虚拟阵元数。

ISDS 算法将矩阵 $\Delta\tilde{\boldsymbol{R}}_{\mathrm{f}}$ 或 $\Delta\tilde{\boldsymbol{R}}_{\mathrm{fb}}$ 做特征分解后得到 G 维的信号子空间 $\boldsymbol{U}_{\mathrm{S}}=[\boldsymbol{u}_1,\boldsymbol{u}_2,\cdots,\boldsymbol{u}_G]$，可证明 MWF 算法估计的信号子空间 $\boldsymbol{V}_{\mathrm{S}}$ 与 $\boldsymbol{U}_{\mathrm{S}}$ 的关系

满足[110]

$$\operatorname{span}\{\boldsymbol{v}_1,\boldsymbol{v}_2,\cdots,\boldsymbol{v}_G\}=\operatorname{span}\{\boldsymbol{u}_1,\boldsymbol{u}_2,\cdots,\boldsymbol{u}_G\} \tag{2-23}$$

采用多级维纳滤波方法估计信号子空间，首先令 MWF 算法的初始化参考信号为 $\Delta\tilde{\boldsymbol{R}}$ 的行均值，即

$$\boldsymbol{d}_0(t)=\frac{1}{I}\sum_{i=1}^{I}\Delta\tilde{\boldsymbol{R}}(i,:) \tag{2-24}$$

则 MWF 算法估计信号子空间的处理流程，如图 2-3 所示。

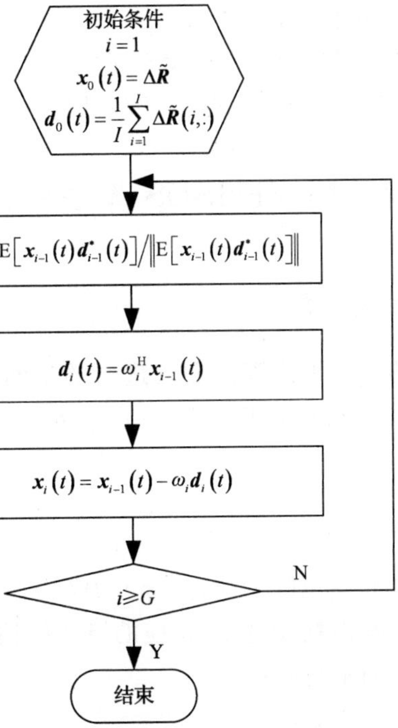

图 2.3　多级维纳滤波算法原理流程图

按照图 2.3 所示流程进行 G 次 MWF 递推可以求出 MIMO 雷达接收的目标回波数据的信号子空间为

$$\boldsymbol{U}_{\mathrm{S}}=[w_1,w_2,\cdots,w_G] \tag{2-25}$$

则 MIMO 雷达接收的目标回波数据的噪声子空间为

$$\boldsymbol{U}_{\mathrm{N}}\boldsymbol{U}_{\mathrm{N}}^{\mathrm{H}}=\boldsymbol{I}-\boldsymbol{U}_{\mathrm{S}}\boldsymbol{U}_{\mathrm{S}}^{\mathrm{H}} \tag{2-26}$$

根据 MUSIC 算法可得 G 个相干信源的 DOA 的估计值为

$$\hat{\theta}=\arg\min_{\theta}\{\boldsymbol{b}^{\mathrm{H}}(\theta)\boldsymbol{U}_{\mathrm{N}}\boldsymbol{U}_{\mathrm{N}}^{\mathrm{H}}\boldsymbol{b}(\theta)\} \tag{2-27}$$

根据上述分析,可以将使用 MWF-ISDS 算法对单基地 MIMO 雷达进行角度估计的运算步骤归纳如下:

Step 1:根据式(2-6)对匹配滤波后的接收信号矩阵进行降维处理;

Step 2:采用图 2.3 所示 MWF 算法对满足独立性的信源进行角度估计;

Step 3:根据式(2-15)计算 MIMO 雷达的阵列差分矩阵 $\Delta\boldsymbol{R}$;

Step 4:根据式(2-19)或式(2-20)计算 $\Delta\tilde{\boldsymbol{R}}_{\mathrm{f}}$ 或 $\Delta\tilde{\boldsymbol{R}}_{\mathrm{fb}}$;

Step 5:对 $\Delta\tilde{\boldsymbol{R}}_{\mathrm{f}}$ 或 $\Delta\tilde{\boldsymbol{R}}_{\mathrm{fb}}$ 采用图 2.3 所示 MWF 算法,估计出 MIMO 雷达虚拟阵列接收数据的信号子空间 $\boldsymbol{U}_{\mathrm{S}}$;

Step 6:根据式(2-26)计算得出噪声子空间 $\boldsymbol{U}_{\mathrm{N}}$;

Step 7:利用 MUSIC 算法的式(2-27)对相干信源进行角度估计。

2.4 MWF-ISDS 算法性能分析

2.4.1 算法的改进性能

为了比较经典的空间平滑算法和改进后的空间平滑算法的性能,定义信噪比改善因子为 Q_{sn},它可以用信的源协方差矩阵迹和噪声的协方差矩阵迹的比值来表示,即

$$Q_{\mathrm{sn}}=\frac{\mathrm{tr}(\boldsymbol{P})}{\mathrm{tr}(\boldsymbol{\varphi})} \tag{2-28}$$

式中,$\mathrm{tr}(\boldsymbol{P})$为信源协方差矩阵的迹;$\mathrm{tr}(\boldsymbol{\varphi})$为噪声协方差矩阵的迹。$Q_{\mathrm{sn}}$的值越大表示参数估计受噪声扰动越小,相应的算法的估计性能也就越好。

若采用经典的前向平滑,有

$$\boldsymbol{R}_{\mathrm{f}}=\frac{1}{q}\sum_{i=1}^{q}\boldsymbol{R}_m^{ii}=\boldsymbol{B}_m\left[\frac{1}{q}\sum_{i=1}^{q}\boldsymbol{D}^{i-1}\boldsymbol{P}\left(\boldsymbol{D}^{i-1}\right)^{\mathrm{H}}\right]\boldsymbol{B}_m^{\mathrm{H}}+\sigma^2\boldsymbol{I}_m=\boldsymbol{B}_m\boldsymbol{P}_{\mathrm{f}}\boldsymbol{B}_m^{\mathrm{H}}+\sigma^2\boldsymbol{I}_m \tag{2-29}$$

式中,$\boldsymbol{P}_{\mathrm{f}}$ 为经典的前向平滑算法的回波协方差矩阵。

由式(2-29)求出经典的前向平滑算法的信噪比改善因子为

$$Q_{\mathrm{sn\text{-}f}}=\frac{\mathrm{tr}(\boldsymbol{P}_{\mathrm{f}})}{\mathrm{tr}(\sigma^2\boldsymbol{I}_m)} \tag{2-30}$$

若采用改进的前向平滑,有

$$\tilde{\boldsymbol{R}}_{\mathrm{f}}=\frac{1}{2q}\boldsymbol{B}_m\left\{\left(\sum_{\substack{i,j=1\\i\neq j}}^{q}w_{ij}+2\sigma^2\right)\left[\sum_{\substack{i,j=1\\i\neq j}}^{q}\boldsymbol{D}^{i-1}\boldsymbol{P}\left(\boldsymbol{D}^{j-1}\right)^{\mathrm{H}}\right]+\right.$$

$$2\left(\sum_{i=1}^{q} w_i + \sigma^2\right)\left[\sum_{i=1}^{q} \boldsymbol{D}^{i-1}\boldsymbol{P}\ (\boldsymbol{D}^{i-1})^{\mathrm{H}}\right]\Big\} \boldsymbol{B}_m^{\mathrm{H}} + \sigma^4 \boldsymbol{I}_m \quad (2-31)$$

式中，$w_{ij} = \boldsymbol{\beta}^{\mathrm{H}}\ (\boldsymbol{D}^{i-1})^{\mathrm{H}}\boldsymbol{B}_m^{\mathrm{H}}\boldsymbol{B}_m\boldsymbol{D}^{j-1}\boldsymbol{\beta}$，$w_j = \boldsymbol{\beta}^{\mathrm{H}}\ (\boldsymbol{D}^{j-1})^{\mathrm{H}}\boldsymbol{B}_m^{\mathrm{H}}\boldsymbol{B}_m\boldsymbol{D}^{j-1}\boldsymbol{\beta}$。

由式(2-31)求出改进的前向平滑算法的信噪比改善因子为

$$\widetilde{Q}_{\text{sn-f}} = \frac{\operatorname{tr}\left(\dfrac{1}{2q}\left(\sum_{\substack{i,j=1\\ i\neq j}}^{q} w_{ij} + 2\sigma^2\right)\left(\sum_{\substack{i,j=1\\ i\neq j}}^{q} \boldsymbol{D}^{i-1}\boldsymbol{P}\ (\boldsymbol{D}^{j-1})^{\mathrm{H}}\right)\right)}{\operatorname{tr}(\sigma^4\boldsymbol{I})} + \left(\frac{1}{\sigma^2}\sum_{j=1}^{q} w_j + 1\right) Q_{\text{sn-f}} \quad (2-32)$$

可见，$\widetilde{Q}_{\text{sn-f}} > Q_{\text{sn-f}}$，改进的前向平滑算法在角度估计性能上要优于经典的前向平滑算法。

2.4.2 运算复杂度比较

当不对单基地 MIMO 雷达进行降维处理时，采用 MUSIC 等子空间类算法需要求 MN 维数据的协方差矩阵并对其进行特征分解，乘法运算次数近似为 $O\{M^2N^2L\}+O\{M^3N^3\}$，而采用多级维纳滤波法所需乘法运算次数[111]近似为 $O\{GMNL\}$；当对单基地 MIMO 雷达进行降维处理时，采用 MUSIC 等子空间类算法需要求 $M+N-1$ 维数据的协方差矩阵并对其进行特征分解，乘法运算次数近似为 $O\{(M+N-1)^2L\}+O\{(M+N-1)^3\}$，而采用多级维纳滤波法所需乘法运算次数近似为 $O\{G(M+N-1)L\}$。可见，MWF-ISDS 算法先是利用降维变换降低了矩阵运算的维数，又利用多级维纳滤波法进一步减小了计算复杂度。

2.4.3 信源过载能力

对于 M 个发射阵元、N 个接收阵元的单基地 MIMO 雷达，进行降维变换后的虚拟阵元数为 $I=M+N-1$ 个。采用 FSS 算法，最大可估计 $I/2$ 个相干信源；采用 FBSS 算法，最大可估计 $2I/3$ 个相干信源。当只有独立信源时，空间差分矩阵 $\Delta\boldsymbol{R}$ 为零，使用 MUSIC 算法等可以估计 $I-1$ 个信源的角度；当只有相干信源时，若使用 SDS 算法，可以估计 $2I/3$ 个信源的角度，而若使用 ISDS 算法，可以估计出 $I/2$ 或 $2I/3$ 个信源的角度；当既有独立信源又有相干信源时，使用 MUSIC 算法最大可估计 $I-2$ 个独立信源的角度，使用 SDS 算法最大可估计 $I/2$ 个相干信源的角度，而使用 ISDS 算法最大可估计 $I/2$ 或 $2I/3$ 个相干信源的角度。因此，SDS 算法最大可估计 $5I/3-2$ 个信源的角度，而 ISDS 算法最大可估计 $3I/2-2$ 或 $5I/3-2$ 个信源的角度。例如，当采用 8 个发射阵元、5 个接收阵元的单基地 MIMO 雷达时，降维处理后的虚拟阵元数为 12,使用 SDS 算法最大可估计 18 个信源的角度,使用 ISDS 算法最大可估计 16 或 18 个信源的角度。可见,给出的算法不受虚拟阵元数大于信源数的约束,具有一定的信源过载性能。

2.4.4 阵元节省能力

假设空中有 P 个目标,其中 U 个独立信源,G 个相干信源。若要估计出所有目标的角度,使用 FSS 算法的虚拟阵元个数为 $2G+U$,使用 FBSS 算法的虚拟阵元个数为 $3/2G+U$;若使用 SDS 和 ISDS 算法,估计独立信源角度时的虚拟阵元个数均为 $U+2$,估计相干信源角度时 SDS 算法的虚拟阵元个数为 $3G/2$,而 ISDS 算法的虚拟阵元个数为 $2G$ 或 $3G/2$。表 2.1 给出了信源数目不同时本书中几种算法所需要的虚拟阵元个数,通过对比可以看出 ISDS 和 SDS 算法均有一定的阵元节省性能。

表 2.1 几种角度估计算法所需虚拟阵元数比较

信源数/个		虚拟阵元数/个			
独立	相干	FSS	FBSS	SDS	IFSDS/IFBSDS
3	2	7	6	3	4/3
3	3	9	8	5	6/5
4	3	10	9	5	6/5
5	4	13	11	8	10/8
7	6	19	16	9	12/9

2.5 计算机仿真结果

假设单基地 MIMO 雷达为等间距的线性均匀收发阵列,发射和接收阵元的间距均为 0.5λ,并采用式(2-6)对匹配滤波后的数据降维处理,得到等价的线性均匀虚拟线阵;当研究色噪声背景下的角度估计性能时,不妨设空间平稳色噪声协方差矩阵为 $\boldsymbol{\varphi}$,第 k 行第 l 列元素为 $\boldsymbol{\varphi}_{k,l}=\sigma_n^2\ 0.9^{|k-l|}\exp\{\mathrm{j}\pi(k-l)/16\}$,信噪比为 $\mathrm{S/N}=10\lg(\sigma_s^2/\sigma_n^2)$,$\sigma_s^2$ 表示信号功率,σ_n^2 表示噪声功率。以下设计了五种不同的仿真条件从不同的方面验证了给出的角度估计算法的有效性。

仿真 1:色噪声背景下,不同算法的空间谱曲线比较

假设单基地 MIMO 雷达的发射阵元数为 6,接收阵元数为 6,降维处理后虚拟阵元数为 11，在背景为色噪声时估计 4 个功率相等的相干信源的角度，取信源角度为−45°，−20°，−5°和 10°，信噪比为 0 dB，脉冲数为 200，平滑子阵数为 10，图 2.4 仿真了 FSS，FBSS，SDS，IFBSDS 和 MWF-IFBSDS 五种算法的归一化空间谱曲线。

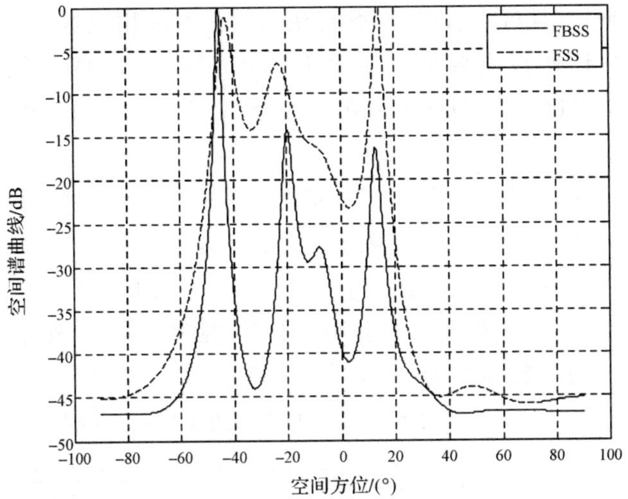

(a)

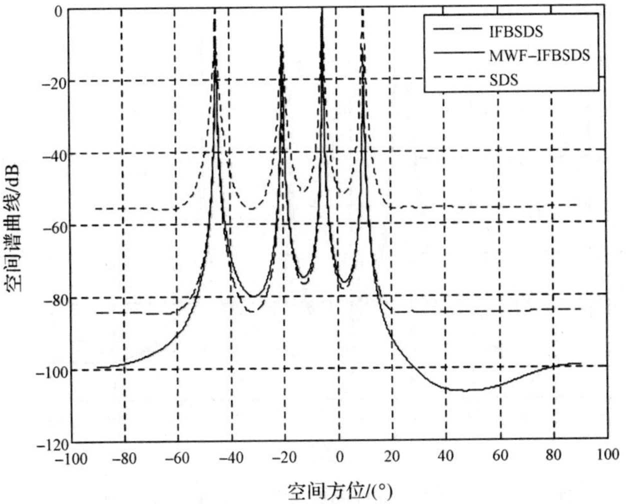

(b)

图 2.4　色噪声背景下不同算法的角度估计性能

(a) 2 种空间平滑算法的情况；(b) 3 种空间差分平滑算法的情况

由图 2.4 的仿真结果可见：在色噪声背景下，FSS 和 FBSS 算法受其影响均已不能有效地估计出目标的波达方向，说明 FSS 和 FBSS 算法不具备对色噪声的抑制能力；而 SDS，IFBSDS 及 MWF-IFBSDS 三种算法由于采用了空间差分的方法有效地对消掉了色噪声，能够在色噪声背景下准确地估计出目标的波达方向；并且可以看出，SDS 算法因为没有采用改进的空间差分平滑运算，角度估计的精度要低于 IFBSDS 和 MWF-IFBSDS 算法，而 MWF-IFBSDS 算法相比 IFBSDS 算法在减小运算量的基础上，仍然保持了与 IFBSDS 算法差别不大的角度估计性能。

仿真 2：近间距相干信源情况下，不同算法的空间谱曲线比较

假设单基地 MIMO 雷达的发射阵元数为 4，接收阵元数为 6，降维处理后虚拟阵元数为 9，在白噪声背景下对 4 个等功率的相干信源进行角度估计，角度分别为 $-40°$，$-35°$，$0°$ 和 $30°$，其中 $-40°$ 信源和 $-35°$ 信源为近间距信源。取信噪比为 10 dB，脉冲数为 200，平滑子阵数为 4，如图 2.5 所示为仿真了 SDS，IFBSDS 和 MWF-IFBSDS 三种不同算法的归一化空间谱曲线。

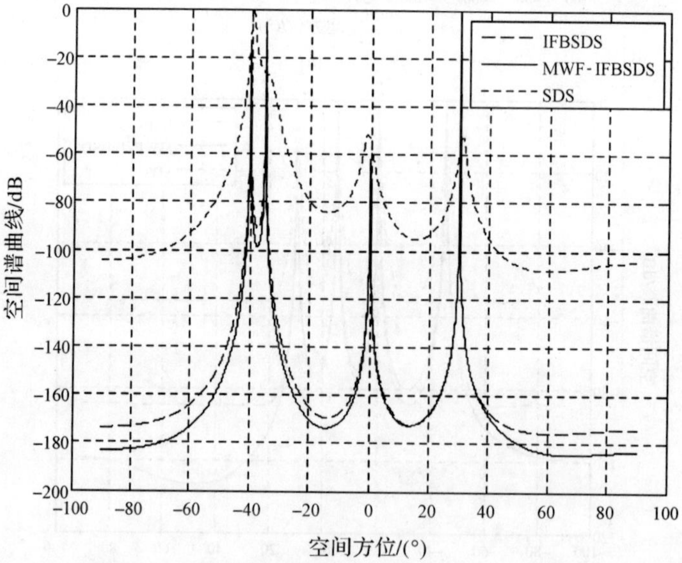

图 2.5　不同算法对近间距相干信源角度估计性能

由图 2.5 的仿真结果可见：在对角度相差 5°的两个近间距的相干信源进行角度估计时，由于 SDS 算法采用的是改进之前的前向空间平滑处理，所以角度分辨的性能较低，不能正确地估计出近间距的相干信源的角度；而 IFBSDS 和 MWF-IFBSDS 算法由于采用的是改进的前后向空间平滑算法，所以角度的估计性能好，形成了约 70 dB 的谱峰，分辨力较高，可以较好地估计出近间距相干信源的角度；虽然 MWF-IFBSDS 算法的运算复杂度要低于 IFBSDS 算法，但是两者的归一化的空间谱曲线却基本上是重合的，所以 MWF-IFBSDS 算法在三种算法中是最优的。

仿真 3：色噪声混合信源背景下，不同算法的空间谱曲线比较

假设单基地 MIMO 雷达的发射阵元数为 6，接收阵元数为 8，降维处理后虚拟阵元数为 13，在色噪声背景下对 6 个等功率的混合信源进行角度估计，角度分别为 −40°，−30°，−10°，5°，25°和 35°，其中前 4 个是相干信源，后 2 个是非相干信源，取脉冲数为 200，平滑子阵数为 4，信噪比固定为 0 dB，如图 2.6 所示为仿真了 FSS，FBSS，MUSIC，SDS，IFBSDS 和 MWF-IFBSDS 六种不同算法的归一化空间谱曲线。

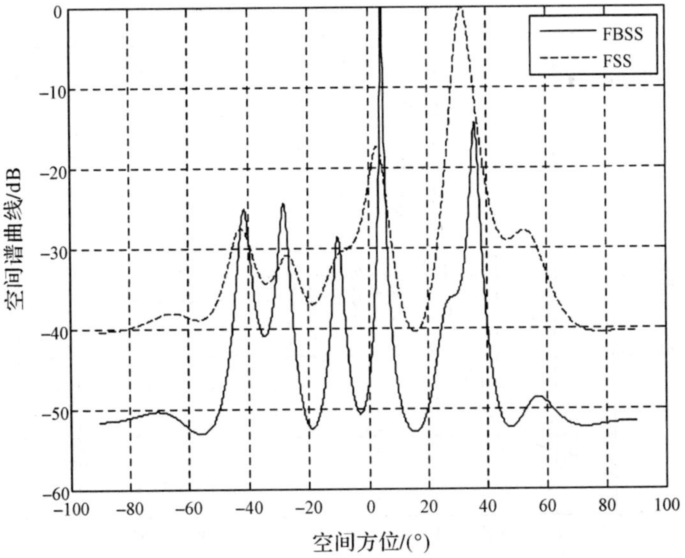

(a)

图 2.6　不同算法对色噪声混合信源角度估计性能

(a) FSS 和 FBSS 算法

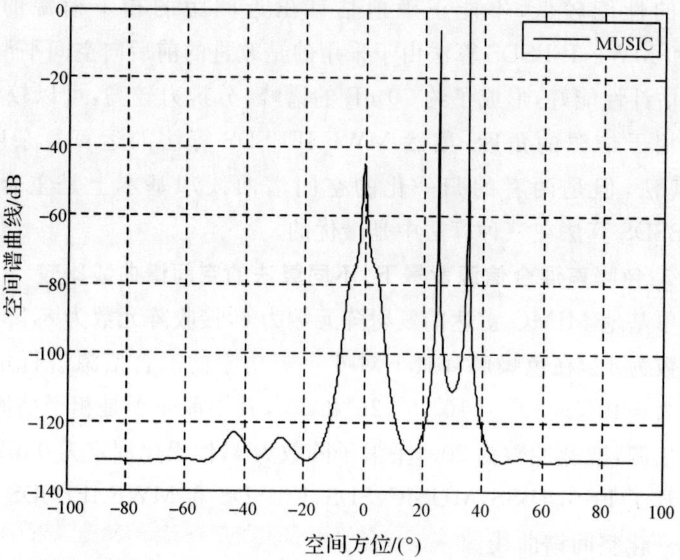

(b)

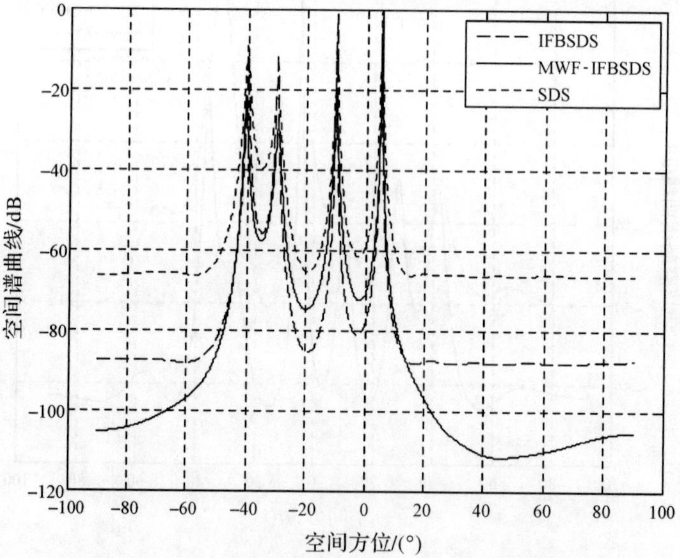

(c)

续图 2.6 不同算法对色噪声混合信源角度估计性能

(b) MUSIC 算法；(c) SDS，IFBSDS 和 MWF-IFBSDS 算法

由图 2.6 的仿真结果可见：在色噪声背景下，由于 FSS 和 FBSS 算法只采

用了平滑处理而没有采用差分处理，角度估计性能较低，估计结果与真实的波达方向有着较大的误差；MUSIC 算法无法估计出相干信源的角度，可以有效地估计出独立信源的角度，但是由于没能克服有色噪声的影响，其归一化的空间谱曲线仍然存在着较大伪峰；SDS，IFBSDS 及 MWF-IFBSDS 算法既采用了平滑处理又采用了差分处理，所以可以很好地在色噪声背景下估计出相干信源的角度，并且由于 IFBSDS 和 MWF-IFBSDS 算法采用了改进的平滑算法，故角度的估计性能要优于 SDS 算法，而且两者的归一化的空间谱曲线基本上是重合的。

仿真 4：小虚拟阵元数情况下，不同算法的信源过载能力比较

假设单基地 MIMO 雷达的发射阵元数为 4，接收阵元数为 5，降维处理后虚拟阵元数为 8，在色噪声背景下对 9 个等功率的混合信源进行角度估计，角度分别为−50°，−30°，10°，20°，−40°，−20°，−5°，15°和 40°，其中前 4 个是相干信源，后 5 个是非相干信源，取脉冲数为 200，平滑子阵数为 4，信噪比固定为 10 dB，如图 2.7 所示为仿真了 MUSIC，SDS，IFBSDS 和 MWF-IFBSDS 四种不同算法的归一化空间谱曲线。

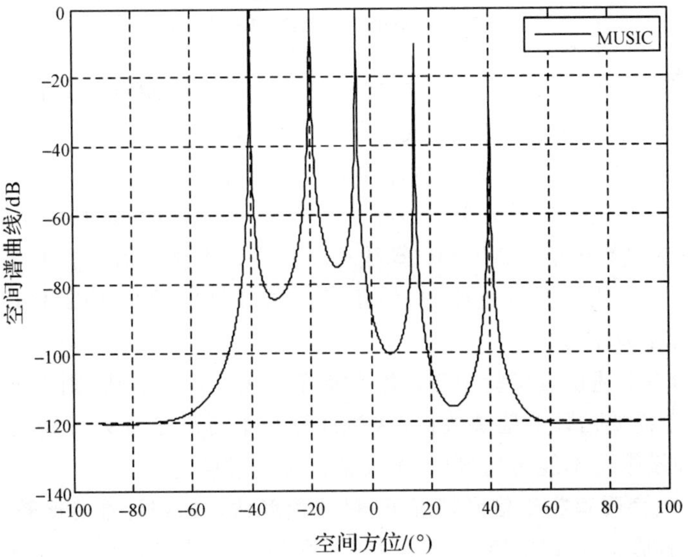

(a)

图 2.7　不同算法在小虚拟阵元数时对信源过载能力

(a) MUSIC 算法

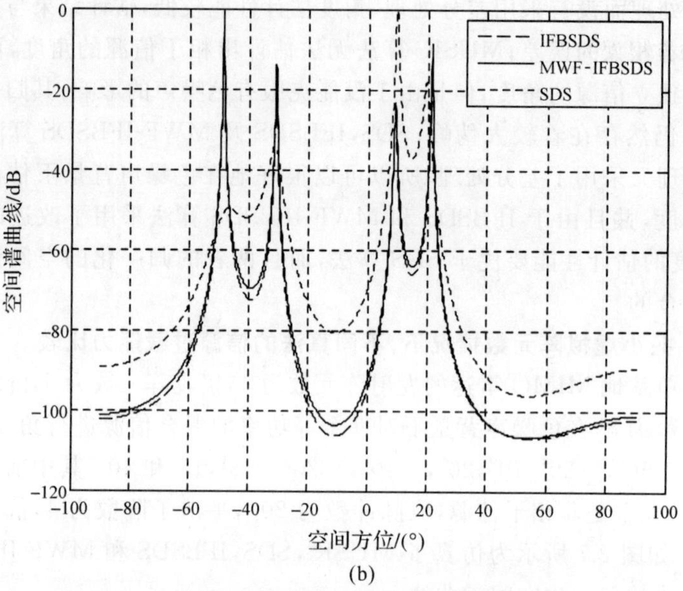

续图 2.7　不同算法在小虚拟阵元数时对信源过载能力

(b) SDS,IFBSDS 和 MWF-IFBSDS 算法

由图 2.7 的仿真结果可见:常规的 MUSIC 算法只能对非相干的信源进行角度估计,但是将其与 IFBSDS 或 MWF-IFBSDS 算法联合起来使用时,既可以估计相干信源的角度也可以估计独立信源的角度,并且由于重复利用了阵列接收数据,在虚拟阵元数小于信源数的情况下仍具有较好的角度估计性能;而 SDS 算法虽然也能与 MUSIC 算法等联合估计出相干信源和独立信源的角度,也具有一定的信源过载能力,但角度的估计性能要比 IFBSDS 和 MWF-IFBSDS 算法差很多。

另外,在上述仿真实验中若采用 FSS 算法和 FBSS 算法,则由于虚拟阵元的数目小于需要估计的信源数目,这两种算法不再满足阵列天线角度估计的条件,实验结果均不能仿真得出,不具备信源的过载能力。

仿真 5:色噪声相干信源情况下,算法角度估计的统计性能比较

假设单基地 MIMO 雷达的发射阵元数为 5,接收阵元数为 6,降维处理后虚拟阵元数为 10,在色噪声背景下对两个等功率的相干信源进行角度估计,角度分别为 0°和 10°,取脉冲数为 200,平滑子阵数为 2,图 2.8 仿真了 200 次 Monte-Carlo 实验时 SDS,IFBSDS 和 MWF-IFBSDS 三种算法角度估计性能的统计结果。其中,图 2.8(a)为三种算法的估计成功概率随信噪比变化的情况，图 2.8(b)为三种算法的估计偏差随信噪比变化的情况，图 2.8(c)为三种算法的估计均方根误差(Root Mean Squared Error，RMSE)随信噪比变化的情况。

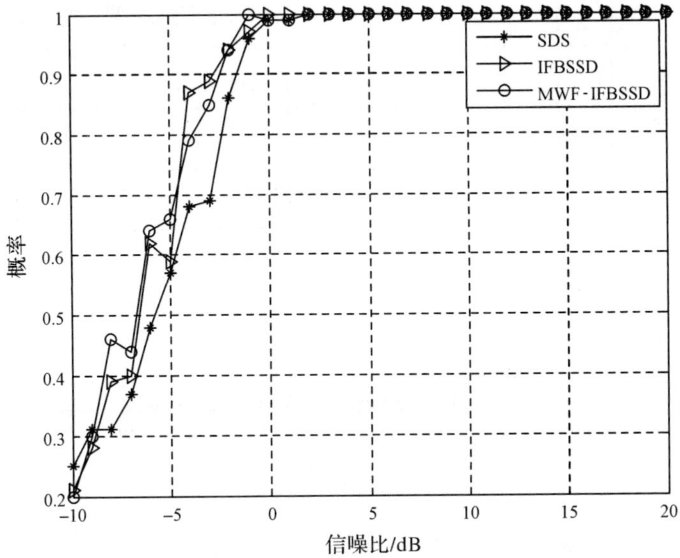

(a)

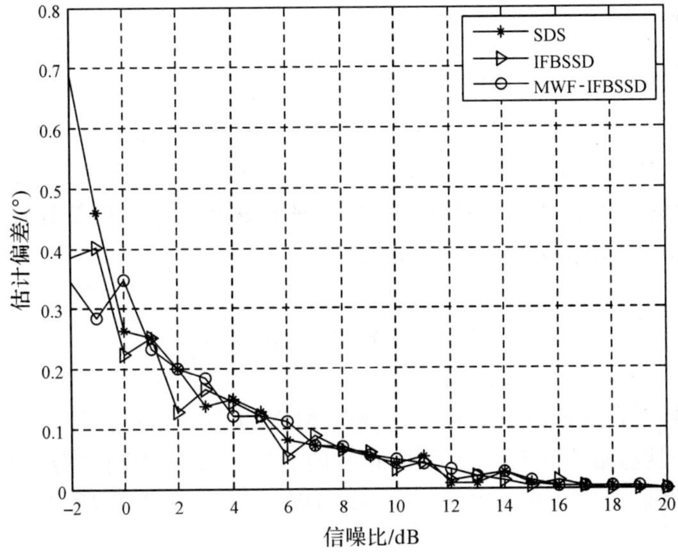

(b)

图 2.8　三种算法信噪比变化时角度估计性能比较

(a) 成功概率；(b) 估计偏差

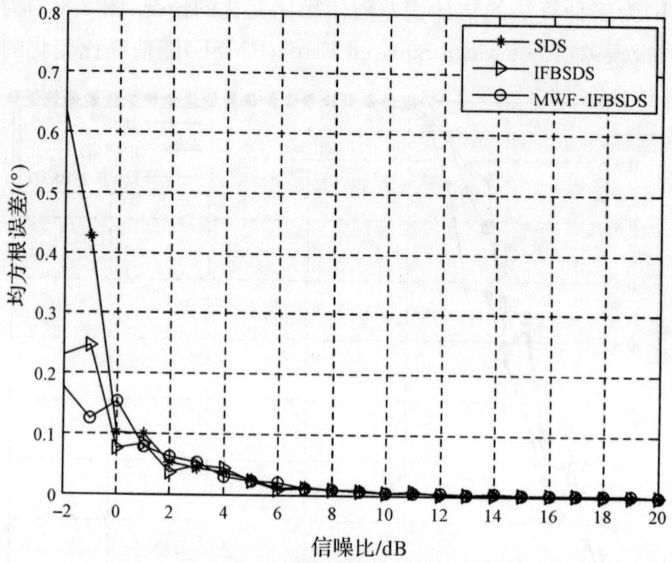

(c)

续图 2.8　三种算法信噪比变化时角度估计性能比较

(c) 均方根误差

由图 2.8 的仿真结果可见：当信噪比较低时，通过 Monte-Carlo 实验可以看出 IFBSDS 和 MWF-IFBSDS 算法在成功概率、估计偏差和估计均方根误差方面均要优于 SDS 算法。仿真实验的结果说明，在低信噪比的情况下 IF-BSDS 和 MWF-IFBSDS 算法的角度估计性能要优于 SDS 算法；随着信噪比增加，特别是信噪比达到 8 dB 以上时，三种算法角度估计的统计性能基本趋于一致，都可以有效地估计出信源的角度。

2.6　本 章 小 结

本章针对色噪声背景下相干信源的 MIMO 雷达角度估计所面临的三方面的特殊问题，给出一种基于维纳滤波的改进前后向空间差分平滑(MWF-IFBSDS)算法，所完成的主要工作和 MWF-IFBSDS 算法的特点可以归纳如下：

(1)对常规的空间平滑(SS)算法进行了改进，新的算法为了进一步挖掘接收数据的有用信息，将 q 个子阵自相关矩阵做互相关运算，并且将对称子阵互相关矩阵做互相关运算后再取平均作为空间平滑矩阵，可以对相干信源更好地解相干，提高角度的估计性能。

(2)为了在色噪声背景下估计出相干信源的角度，将改进的空间平滑算法与空间差分算法相结合，给出修正的前后向空间差分平滑(IFBSDS)算法，新的算法可以解决空间差分矩阵的负反对称性引起的秩亏损问题，既可以对相干信源解相干，又可以很好地抑制色噪声的影响。

(3)为了进一步减小 IFBSDS 算法的运算量，基于维纳滤波思想给出一种 MWF-IFBSDS 算法，该算法避免子空间类算法高复杂度的特征值分解运算，并且具有与 IFBSDS 算法相当的角度估计性能，更加符合 MIMO 雷达信号实时处理的现实需求。

(4)通过理论分析和仿真实验证明，所给出的 MWF-IFBSDS 算法不但可以实现色噪声背景下的相干信源的角度估计，并且因为采用改进的方法，在低信噪比和小角度间隔的情况下比 FSS，FBSS，MUSIC，ISDS 等算法具有更好的角度估计性能。

(5)在色噪声背景下对混合信源进行角度估计时，MWF-IFBSDS 算法可以与 MUSIC 等子空间算法相结合，分别对独立、相干信源进行处理，这样利用了两次接收的回波数据，可以估计出更多信源的角度，具有一定的阵元节省性能和信源过载性能。

第3章 冲击噪声背景下相干信源 MIMO 雷达目标角度估计

3.1 引 言

MIMO 雷达现实应用中遇到的噪声经常具有一定的冲击特性，如宇宙噪声、大气噪声和气象噪声等。与高斯噪声相比，冲击噪声通常具有尖峰或突发电平，常用的高斯概率密度函数不再适合描述其分布特征。近年来，大量实验数据和仿真结果[112-117]可以证实冲击噪声符合稳定分布，其合理模型是 SαS 过程，这为研究冲击噪声提供了一种有用的理论工具。由于 α 稳态分布不具有二阶以上的矩，这就意味着冲击噪声背景下基于二阶或更高阶累积量的角度估计算法的性能将急剧下降。

Tsakalides[118-120] 和 Liu[121] 分别依据协变异和分数低阶矩采用 MUSIC 算法估计出了目标的一维波达角，但都需要通过谱峰搜索，运算量和存储量很大；吕泽均[122-125] 和何劲[126-127] 基于协变异、分数阶矩、时延分数阶相关函数和分数低阶空时矩阵等解决了冲击噪声环境下一维或二维到达角估计问题，但上述方法都需要事先估计合适的分数低阶参数；李丽等人[128-129] 采用最大相关熵准则(Maximum Correntropy Criterion, MCC)推导出适用于冲击噪声环境的韧性平行因子算法，能够抑制冲击噪声的影响，但尚未解决相干信源的问题；刁鸣等人[130] 通过去冲击预处理后进行数据重构，提出一种独立信号与相干信号并存的 DOA 估计的新方法，该方法阵列利用率较高，但是尚未推广到 MIMO 雷达。在上述研究的基础上，本章分别给出适用于单基地雷达的 RCC-FLOM 算法和适用于双基地雷达的 INN-SR 算法，并通过仿真验证了算法具有估计成功概率高、低信噪比情况下均方根误差小的优点。

3.2 冲击噪声及目标回波模型

3.2.1 冲击噪声模型

冲击噪声服从 α 稳态分布，特征函数为

$$\varphi(t)=\begin{cases}\exp\left\{\mathrm{j}\mu t-\gamma\ |t|^{\alpha}\left[1+\mathrm{j}\beta\operatorname{sgn}(t)\tan\left(\dfrac{\alpha\pi}{2}\right)\right]\right\} & \text{如果}\ \alpha\neq 1\\ \exp\left\{\mathrm{j}\mu t-\gamma\ |t|^{\alpha}\left[1+\mathrm{j}\beta\operatorname{sgn}(t)\dfrac{2}{\pi}\log|t|\right]\right\} & \text{如果}\ \alpha=1\end{cases}\tag{3-1}$$

式中，α,β,μ,γ 这四个参数完全描述了稳态分布。α 为特征指数，$\alpha\in(0,2]$，代表了分布冲击性的大小，可以确定分布的形状。特别地，当 $\alpha=2$ 时为 Gauss 分布，当 $\alpha=1$ 时为 Cauchy 分布，当 $\alpha=5$ 时为 Pearson 分布。β 为对称参数，$\beta\in[-1,1]$，代表了分布的扭曲程度，当 $\beta=0$ 时为对称 α 稳态分布（SαS）。μ 为位置参数，$\mu\in(-\infty,+\infty)$，代表了分布在 x 轴上的偏移量。当 $1<\alpha\leqslant 2$ 时，μ 是 SαS 概率密度函数的均值，为了简单起见，通常假设 $\mu=0$。γ 为尺度参数，$\gamma\in(0,+\infty)$，表示分布的宽度，反映了函数偏离 μ 的大小，当 $\alpha=2$ 时，其值为方差的两倍。sgn(·)表示符号函数，它可以把函数的符号析离出来。

根据特征函数和概率密度函数（Probability Density Function, PDF）是一对傅里叶变换对，可以通过对 SαS 分布的特征函数作傅里叶变换的方法来求出它的概率密度函数：

$$f(x,\alpha,\beta)=\frac{1}{\pi}\int_0^{\infty}\exp(-t^{\alpha})\cos[xt+\beta t^{\alpha}\omega(t,\alpha)]\mathrm{d}t\tag{3-2}$$

由此可见，除 3 种特殊情况的分布外，SαS 的概率密度函数无闭形表达式。

当 $0<\alpha<2$ 时，随机变量 SαS 不存在二阶以上的矩，但存在小于 α 的分数低阶矩（Fractional Lower Order Moment，FLOM），也就是说随机变量 SαS（$0<\alpha<2$）具有有限的分数低阶矩（$\mathrm{E}(|X|^{p})<\infty,\ \forall\, p<\alpha$）。

随机变量 ξ 和 η 的分数低阶矩的定义是[131-132]

$$[\xi,\eta]_{\mathrm{f}}=\mathrm{E}(\xi\eta^{<p-1>}),1<p<\alpha\leqslant 2\tag{3-3}$$

式中，$\eta^{<p-1>}=|\eta|^{p-2}\eta^{*}$。

随机变量 ξ 和 η 的协变异通常可用 FLOM 的函数[131]表示，有

$$[\xi,\eta]_{\alpha}=\gamma_{\eta}\mathrm{E}(\xi\eta^{p<1})/\mathrm{E}(|\ \eta\ |^{p})\tag{3-4}$$

式中，γ_{η} 为随机变量 η 的离差，可以表示成

$$\gamma_{\eta}^{p-\alpha}=\mathrm{E}(|\ \eta\ |^{p})/C(p,\alpha),0<p<\alpha\tag{3-5}$$

式中，$C(p,\alpha)=2^{p+1}\Gamma[(p+2)/2]\Gamma(-p/\alpha)/[\alpha\Gamma(0.5)\Gamma(-p/2)]$，$\mathrm{E}(\cdot)$为数学期望，$\Gamma$ 为 gamma 函数，满足 $\Gamma(x)=\int_0^{\infty}t^{x-1}\mathrm{e}^{-t}\mathrm{d}t$。

3.2.2　冲击噪声特点

根据式（3-2）的 SαS 分布的概率密度函数，用 Matlab 仿真几种不同特征

指数 α 的 SαS 分布的概率密度函数及其拖尾，如图 3.1(a)(b)所示。

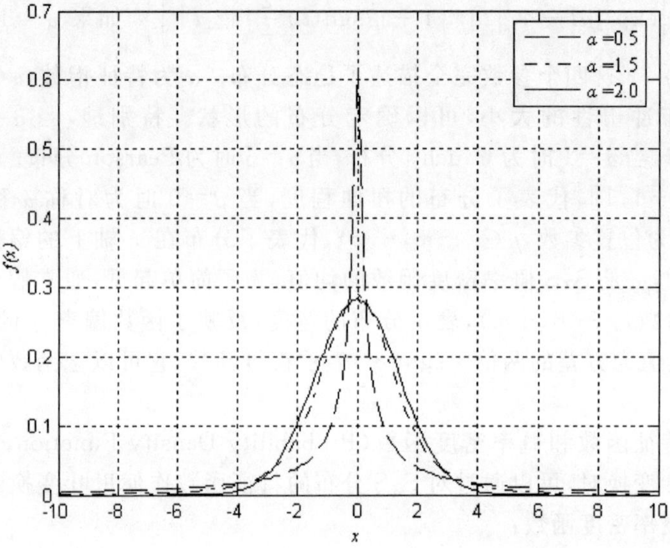

(a)

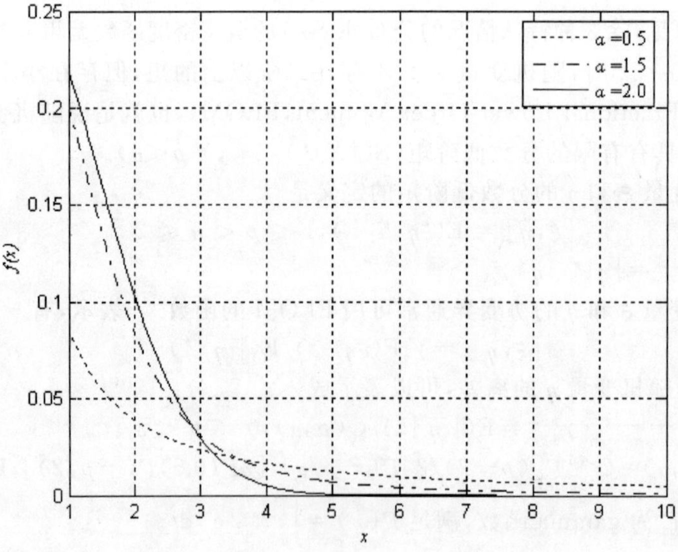

(b)

图 3.1　不同 α 时概率密度函数及其拖尾

(a) 概率密度函数曲线；(b) 概率密度函数拖尾

由图 3.1 的仿真可见，SαS 分布的 PDF 和高斯分布的 PDF 非常地相似，两者均是关于均值成对称形状的单峰、平滑的曲线。然而，两种分布仍存在本质的的差别，表现在 SαS 的 PDF 拖尾为代数函数，而高斯的 PDF 拖尾为指数函数。并且，当 $|x|$ 距离均值较远时，SαS 的 PDF 峰值是大于高斯分布的，而当 $|x|$ 距离均值较近时，SαS 的 PDF 峰值是小于高斯分布的。也就是说，SαS 的冲击性越强，概率密度函数的拖尾就越大。因此，SαS 分布比高斯分布能够更合理地描述冲击噪声的分布特性。

根据文献[133]和[134]中给出的产生实 SαS 和复全向 SαS 随机过程的方法，用 Matlab 仿真几种不同特征指数所对应的实 SαS 随机变量的样本时间序列如图 3.2 所示。

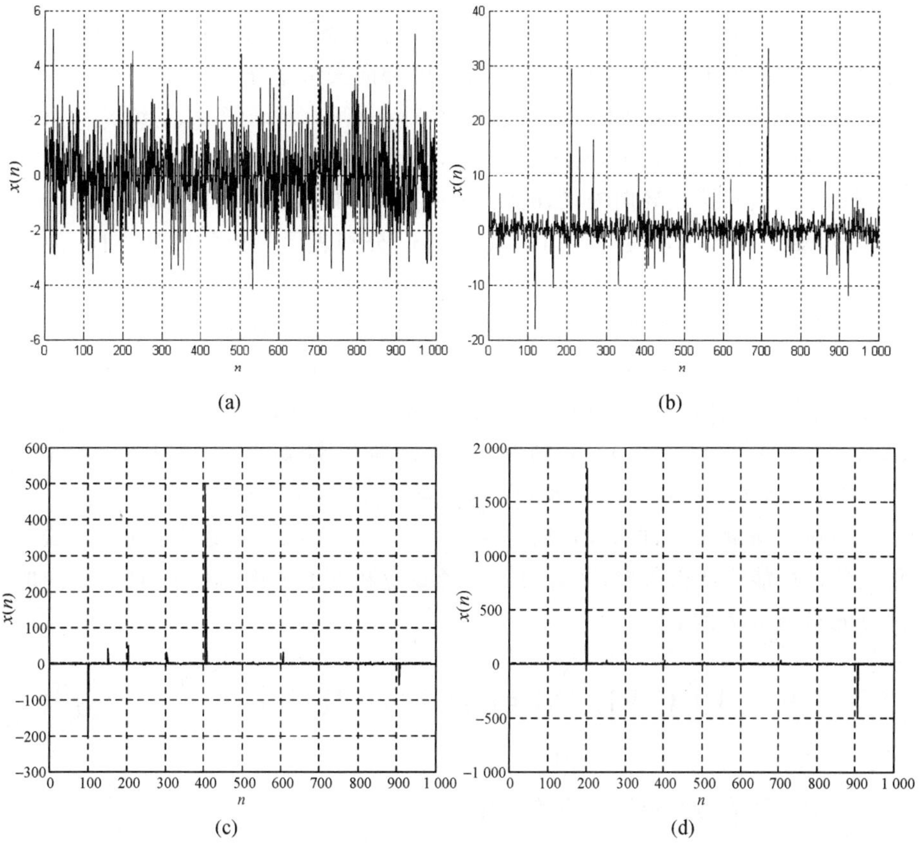

图 3.2　不同 α 时的 SαS 的样本序列

(a) $\alpha=2.0$；(b) $\alpha=1.5$；(c) $\alpha=1.0$；(d) $\alpha=0.5$

从仿真图 3.2 中不同 α 取值时冲击噪声的冲击情况可以清楚地看出：特征指数 α 决定了分布冲击性的大小，并且 α 的取值越小分布的冲击性越强；反之，α 的取值越大分布的冲击性越弱，计算机仿真结果与文中的理论分析是一致的。

3.2.3　目标回波模型

MIMO 雷达各发射阵元同时发射相互正交的信号，假设发射阵元数为 M，接收阵元数为 N，阵元间距 $d=\lambda/2$，λ 为工作波长，当观测空中 P 个远场点目标时，根据式(1-4)，冲击噪声背景下的回波信号经匹配滤波处理后可以表示为

$$\boldsymbol{y}=\boldsymbol{A\beta}+\boldsymbol{n} \tag{3-6}$$

式中，$\boldsymbol{\beta}=[\beta_1,\beta_2,\cdots,\beta_P]^{\mathrm{T}}$ 为 P 个目标的反射系数构成的列向量；$\boldsymbol{n}\in\mathbf{C}^{MN\times1}$ 为各阵元间的冲击噪声列向量；$\boldsymbol{A}$ 为目标的导向矢量矩阵。

双基地 MIMO 雷达时，$\boldsymbol{A}=[\boldsymbol{a}_{\mathrm{r}}(\theta_1)\otimes\boldsymbol{a}_{\mathrm{t}}(\varphi_1),\boldsymbol{a}_{\mathrm{r}}(\theta_2)\otimes\boldsymbol{a}_{\mathrm{t}}(\varphi_2),\cdots,\boldsymbol{a}_{\mathrm{r}}(\theta_P)\otimes\boldsymbol{a}_{\mathrm{t}}(\varphi_P)]$，式中，$\boldsymbol{a}_{\mathrm{r}}(\theta_p)=[1,\exp(-\mathrm{j}\pi\sin\theta_p),\cdots,\exp(-\mathrm{j}\pi(N-1)\sin\theta_p)]^{\mathrm{T}}$ 表示接收导向矢量，$\boldsymbol{a}_{\mathrm{t}}(\varphi_p)=[1,\exp(-\mathrm{j}\pi\sin\varphi_p),\cdots,\exp(-\mathrm{j}\pi\times(M-1)\sin\varphi_p)]^{\mathrm{T}}$ 表示发射导向矢量，θ_p，φ_p 分别表示目标的波达方向、波离方向。

单基地 MIMO 雷达时，目标波达方向和波离方向是同一个角度，接收导向矢量可以表示为 $\boldsymbol{a}_{\mathrm{r}}(\theta_p)=[1,\exp(-\mathrm{j}\pi\sin\theta_p),\cdots,\exp(-\mathrm{j}\pi(N-1)\sin\theta_p)]^{\mathrm{T}}$，发射导向矢量可以表示为 $\boldsymbol{a}_{\mathrm{t}}(\theta_p)=[1,\exp(-\mathrm{j}\pi\sin\theta_p),\cdots,\exp(-\mathrm{j}\pi(M-1)\sin\theta_p)]^{\mathrm{T}}$，则目标的导向矢量矩阵可以表示为 $\boldsymbol{A}=[\boldsymbol{a}_{\mathrm{r}}(\theta_1)\otimes\boldsymbol{a}_{\mathrm{t}}(\varphi_1),\boldsymbol{a}_{\mathrm{r}}(\theta_2)\otimes\boldsymbol{a}_{\mathrm{t}}(\varphi_2),\cdots,\boldsymbol{a}_{\mathrm{r}}(\theta_P)\otimes\boldsymbol{a}_{\mathrm{t}}(\varphi_P)]$。

当噪声向量 $\boldsymbol{n}$ 为冲击噪声时，$\boldsymbol{y}$ 没有二阶以上的矩，常规子空间类算法的角度估计性能将变得很差，并且由于多径效应和电子干扰的存在，使得 $\boldsymbol{\beta}$ 中的部分元素通常是相干的。

3.3　基于 RCC-FLOM 的单基地 MIMO 雷达角度估计

3.3.1　降维分数低阶协方差矩阵

单基地 MIMO 雷达的虚拟阵元数为 MN，为了减小接收信号处理的运算复杂度，首先根据第 2 章中的式(2-6)对单个脉冲匹配滤波后的回波式(3-

6)进行降维处理，有

$$y' = A'\beta + n' \tag{3-7}$$

经过合并相位偏差相同的虚拟阵元处理，可得降维后的有效虚拟阵元数目为 $I=M+N-1$，线性变换后的新的导向矢量矩阵 $A' = [a'(\theta_1), a'(\theta_2), \cdots, a'(\theta_P)] \in \mathbf{C}^{I\times P}$ 为一个 Vanermonde 矩阵，$a'(\theta_p) = [1, a_p, \cdots, a_p^{I-1}]^{\mathrm{T}}$，$a_p = \mathrm{e}^{\mathrm{j}\pi\sin\theta_p}$，$n' \in \mathbf{C}^{I\times 1}$是降维处理后的冲击噪声列向量。

当 n'为冲击噪声时，y'没有二阶以上的矩，此时，可根据式(3-3)构造 y' 的 FLOM 为[120-121]

$$C_{uv} = \mathrm{E}[y'_u(t)\,|y'_v(t)|^{p-2} y'^*_v(t)] \quad 1 < p < \alpha \leqslant 2 \tag{3-8}$$

其中 $y'_u(t)$，$y'_v(t)$是 MIMO 雷达降维处理后匹配滤波的输出，C_{uv}为分数低阶协方差矩阵 C 的第(u,v)个元素，且满足 $1 \leqslant u, v \leqslant I$。从 C_{uv} 的公式可以看出，重构的分数低阶协方差是共轭对称的，并且当 $1<\alpha\leqslant 2$ 时是有界的。

将式(3-7)代入式(3-8)，则 C_{uv} 可以表示为

$$\begin{aligned} C_{uv} = &\sum_{v=1}^{P} A'_{uv} \mathrm{E}\Big[\beta_v \ \Big|\sum_{q=1}^{P} A'_{uv}\beta_q + n'_v\Big|^{p-2} \big(\sum_{q=1}^{P} A'_{uv}\beta_q + n'_v\big)^*\Big] + \\ &\mathrm{E}\Big[n_u \ \Big|\sum_{q=1}^{P} A'_{uv}\beta_q + n'_v\Big|^{p-2} \big(\sum_{q=1}^{P} A'_{uv}\beta_q + n'_v\big)^*\Big] \end{aligned} \tag{3-9}$$

将其写成矩阵的表达形式为

$$C = A'\Lambda A'^{\mathrm{H}} + \gamma I \tag{3-10}$$

式中

$$\Lambda_{uv} = \delta_{uv}\mathrm{E}\Big[\beta_v \ \Big|\sum_{q=1}^{P} A'_{uv}\beta_q + n'_v\Big|^{p-2} \ \big(\sum_{q=1}^{P} A'_{uv}\beta_q + n'_v\big)^*\Big]$$

$$\gamma = \mathrm{E}\Big[n_u \ \Big|\sum_{q=1}^{P} A'_{uv}\beta_q + n'_v\Big|^{p-2} \ \big(\sum_{q=1}^{P} A'_{uv}\beta_q + n'_v\big)^*\Big]$$

经过上述处理得到降维的分数低阶协方差矩阵后，就可以通过 MUSIC 等传统子空间算法在冲击噪声背景下估计出目标的角度。

3.3.2 共轭旋转不变子空间算法

上述构造降维分数低阶协方差矩阵只是可以解决冲击噪声的问题，当受多径效应和电子干扰影响时，还需要对目标进行相干源的角度估计，本书采用共轭旋转不变子空间算法(C-ESPRIT)有效解决了相干源角度估计的问题。以 5 虚拟阵元的 MIMO 雷达为例，构造的虚拟空间阵列如图 3.3 所示。

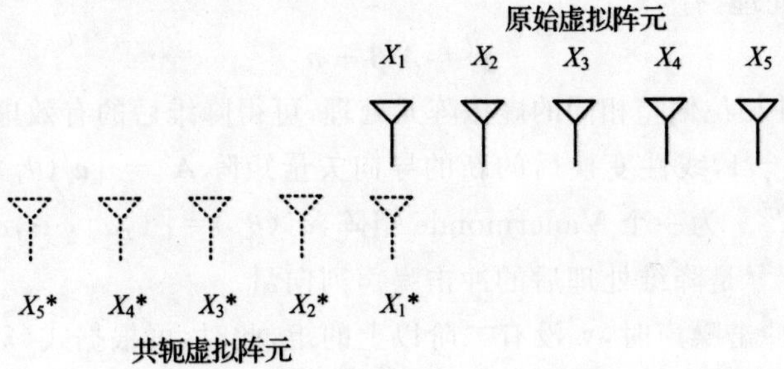

图 3.3 单基地 MIMO 雷达共轭虚拟阵列

虚拟子阵 1 接收的目标回波数据经降维匹配滤波处理后可以表示为

$$\boldsymbol{y}_{e1}=\begin{bmatrix} y_1 & y_2 & y_3 & \cdots & y_P \\ y_2 & y_3 & y_4 & \cdots & y_{P+1} \\ \vdots & \vdots & \vdots & & \vdots \\ y_{I-P} & y_{I-P+1} & y_{I-P+2} & \cdots & y_{I-1} \\ y_I^* & y_{I-1}^* & y_{I-2}^* & \cdots & y_{I-P+1}^* \\ \vdots & \vdots & \vdots & & \vdots \\ y_{P+2}^* & y_{P+1}^* & y_P^* & \cdots & y_3^* \\ y_{P+1}^* & y_P^* & y_{P-1}^* & \cdots & y_2^* \end{bmatrix}_{2(I-P)\times P} \tag{3-11}$$

根据式(3-7)，矩阵 $\boldsymbol{y}_{e1}$ 可以表示为

$$\boldsymbol{y}_{e1}=\boldsymbol{R}\boldsymbol{A}'(\theta) \tag{3-12}$$

式中

$$\boldsymbol{R}=\begin{bmatrix} \beta_1 & \beta_2 & \beta_3 & \cdots & \beta_P \\ \beta_1 a_1 & \beta_2 a_2 & \beta_3 a_3 & \cdots & \beta_P a_P \\ \vdots & \vdots & & & \vdots \\ \beta_1 a_1^{I-P-1} & \beta_2 a_2^{I-P-1} & \beta_3 a_3^{I-P-1} & \cdots & \beta_P a_P^{I-P-1} \\ \beta_1^* a_1^{-(I-1)} & \beta_2^* a_2^{-(I-1)} & \beta_3^* a_3^{-(I-1)} & \cdots & \beta_P^* a_P^{-(I-1)} \\ \vdots & \vdots & & & \vdots \\ \beta_1^* a_1^{-(P+1)} & \beta_2^* a_2^{-(P+1)} & \beta_3^* a_3^{-(P+1)} & \cdots & \beta_P^* a_P^{-(P+1)} \\ \beta_1^* a_1^{-P} & \beta_2^* a_2^{-P} & \beta_3^* a_3^{-P} & \cdots & \beta_P^* a_P^{-P} \end{bmatrix}_{2(I-P)\times P}$$

虚拟子阵 2 接收的目标回波数据经降维匹配滤波处理后可以表示为

$$\boldsymbol{y}_{e2}=\begin{bmatrix} y_2 & y_3 & y_4 & \cdots & y_{P+1} \\ y_3 & y_4 & y_5 & \cdots & y_{P+2} \\ \vdots & \vdots & \vdots & & \vdots \\ y_{I-P+1} & y_{I-P+2} & y_{I-P+3} & \cdots & y_I \\ y_{I-1}^* & y_{I-2}^* & y_{I-3}^* & \cdots & y_{I-P}^* \\ \vdots & \vdots & \vdots & & \vdots \\ y_{P+1}^* & y_P^* & y_{P-1}^* & \cdots & y_2^* \\ y_P^* & y_{P-1}^* & y_{P-2}^* & \cdots & y_1^* \end{bmatrix}_{2(I-P)\times P} \tag{3-13}$$

根据式(3－7)，矩阵 $\boldsymbol{y}_{e2}$可以表示为

$$\boldsymbol{y}_{e2}=\boldsymbol{R\Phi A}'(\theta) \tag{3-14}$$

式中，$\boldsymbol{\Phi}$ 为旋转因子，其表达式为 $\boldsymbol{\Phi}=\text{diag}(a_1,a_2,\cdots,a_P)$。

矩阵 $\boldsymbol{A}'(\theta)$是一个 Vanermonde 矩阵，由于相干信源位于空间不同的方向，各行间线性无关，$\text{rank}(\boldsymbol{A}'(\theta))=P$。当 $2(I-P)\geqslant P$ 时，可证矩阵 $\boldsymbol{R}$ 各列线性无关，即 $\text{rank}(\boldsymbol{R})=P$。又因为 $\text{rank}(\boldsymbol{\Phi})=P$，因此构造的虚拟子阵 $\boldsymbol{y}_{e1}$和 $\boldsymbol{y}_{e2}$的秩均为 P。因此，可以使用传统的 TL-ESPRIT 算法估计 P 个相干信源。

3.3.3　RCC-FLOM 算法步骤

根据上述分析，可以将使用 RCC-FLOM 算法对冲击噪声背景下相干信源的单基地 MIMO 雷达角度估计的运算步骤归纳如下：

Step 1：对单基地 MIMO 雷达接收的单个脉冲的回波信号进行匹配滤波处理，得到式(3－6)表示的信号；

Step 2：根据式(2－6)对式(3－6)表示的信号进行降维处理得到式(3－7)；

Step 3：根据式(3－8)求出重构后的随机变量 $\boldsymbol{y}'$的分数低阶协方差 C_{uv}；

Step 4：将分数低阶协方差 C_{uv}改写成式(3－10)所示的矩阵形式，解决冲击噪声的问题；

Step 5：根据式(3－12)求得虚拟子阵 1 接收的目标回波数据经降维匹配滤波处理后的表达式 $\boldsymbol{y}_{e1}$；

Step 6：根据式(3－14)求得虚拟子阵 2 接收的目标回波数据经降维匹配滤波处理后的表达式 $\boldsymbol{y}_{e2}$；

Step 7：使用单基地 MIMO 雷达根据传统的 TL-ESPRIT 算法估计出 P 个相干信源的角度。

3.3.4 计算机仿真结果

为了对 RCC-FLOM 算法的角度估计性能进行验证，设置了相应的条件进行计算机仿真。假设 MIMO 雷达的收发天线均为等间距的均匀线阵，阵元间距为 0.5λ，仿真中的信噪比采用广义信噪比（Generalized Signal to Noise Ratio, GSNR）即平均功率和分散系数 γ 的比值：

$$\mathrm{GSNR}=10\lg\left(\frac{1}{\gamma N}\sum_{t=1}^{N}\left|s(t)^2\right|\right) \tag{3-15}$$

式中，N 为积累脉冲数，当 $\alpha=2$ 时广义信噪比与普通的信噪比一样。

仿真 1：冲击噪声背景下，不同算法对相干信源的角度估计情况

假设单基地 MIMO 雷达降维处理后的虚拟阵元个数为 10。在冲击噪声背景下对 3 个功率相等的相干信源进行角度估计，其相对 MIMO 雷达的波达方向分别为 30°，10°，−20°，取 $\alpha=1.5$ 的 SαS 分布冲击噪声，广义信噪比为 5 dB，图 3.4(a)和图 3.4(b)分别仿真了 50 次 Monte-Carlo 实验时 ESPRIT 算法和 RCC-FLOM 算法对目标角度的估计情况。

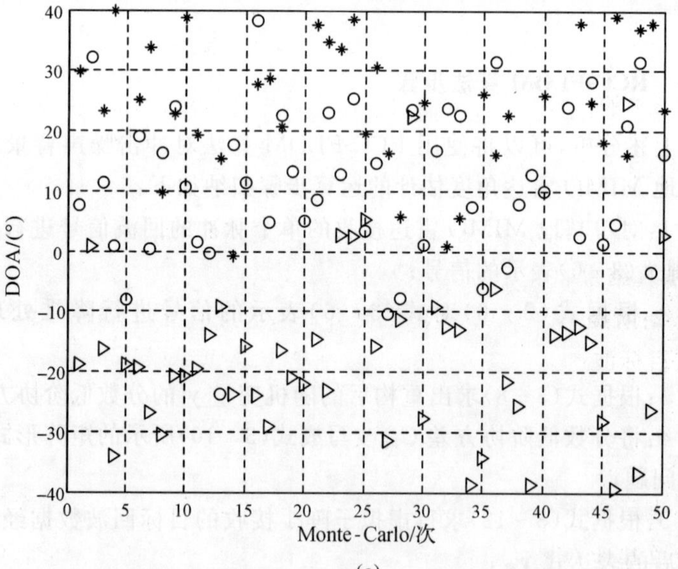

(a)

图 3.4 冲击噪声下不同算法对相干源角度估计

(a) ESPRIT 算法估计效果

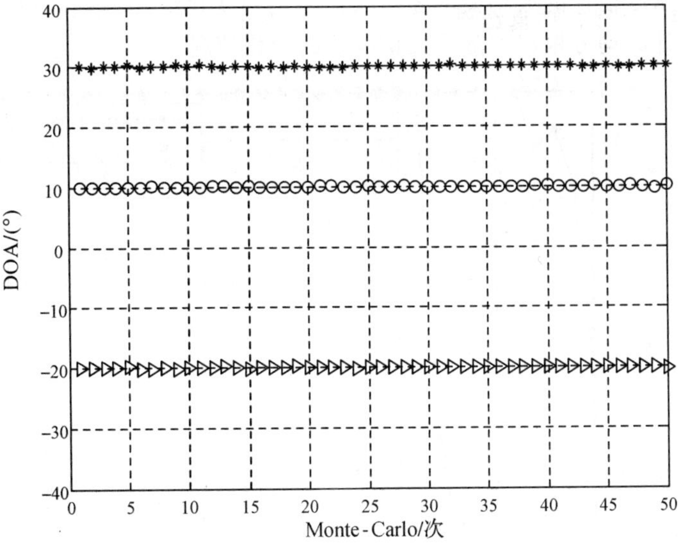

(b)

续图 3.4　冲击噪声下不同算法对相干源角度估计

(b) RCC-FLOM 算法估计效果

由图 3.4 的仿真结果可见：在冲击噪声背景下用 ESPRIT 算法对相干信源角度估计时，已不能正确估计出目标的波达方向，说明常规的子空间类算法应用于单基地 MIMO 雷达时不具备抑制冲击噪声和对信源解相干的能力；而 RCC-FLOM 算法可以在冲击噪声背景下实现对相干信源波达方向的准确估计，这一仿真结果验证了给出的算法的有效性。

仿真 2：所提 RCC-FLOM 算法与其他算法角度估计统计性能的比较

定义目标波达方向估计的均方根误差(RSME)为

$$\mathrm{RMSE}(\theta)=\sqrt{\frac{1}{L_m}\sum_{l_m=1}^{L_m}(\hat{\theta}_{p_{l_m}}-\theta_{p_{l_m}})^2} \tag{3-16}$$

式中，L_m 表示 Monte-Carlo 实验次数；$\theta_{p_{l_m}}$ 和 $\hat{\theta}_{p_{l_m}}$ 表示真实角度和估计角度。

假设单基地 MIMO 雷达有 5 个发射阵元、6 个接收阵元，则降维处理后的虚拟阵元数为 10。在冲击噪声背景下对两个等功率的相干信源进行角度估计，其相对发射天线和接收天线的波达方向分别为 30°和 −20°，取 $\alpha=1.5$ 的 SαS 分布冲击噪声，如图 3.5 所示为仿真了 50 次 Monte-Carlo 实验时 FLOM-MUSIC 算法[135]和 RCC-FLOM 算法的统计性能。其中，图 3.5(a)为两种算法角度估计的成功概率随广义信噪比的变化情况,图 3.5(b)为两种算法角度估计的均方根误差随广义信噪比的变化情况。

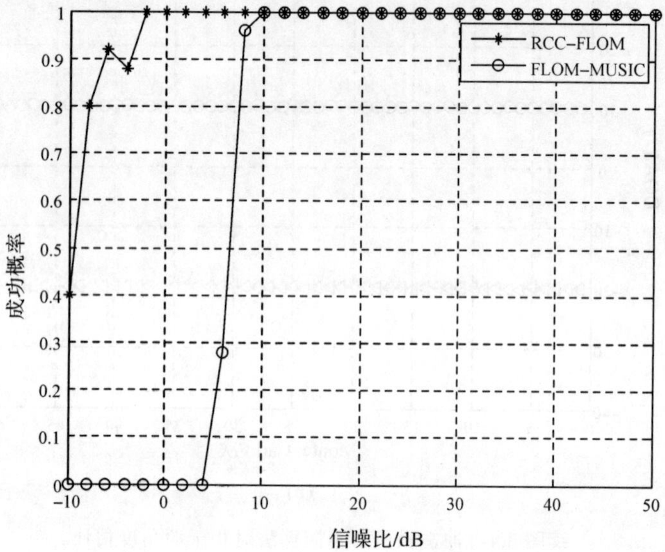

(a)

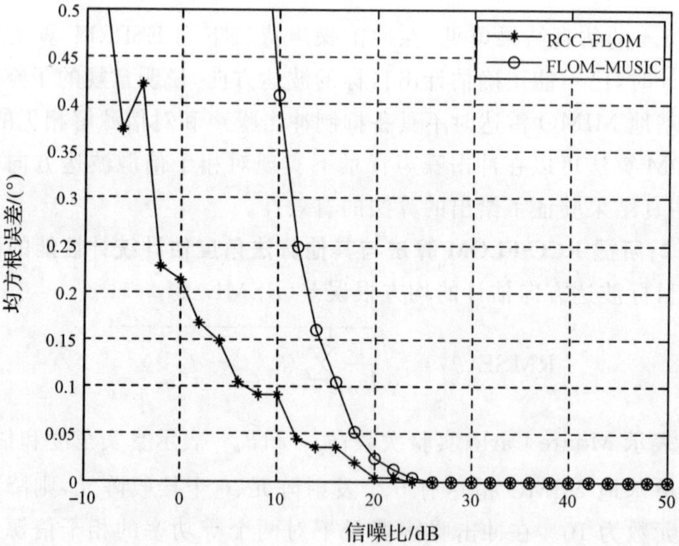

(b)

图 3.5　冲击噪声下不同算法角度估计性能比较

(a) 成功概率;(b) 均方根误差

由图 3.5 的仿真结果可见：在冲击噪声背景下，RCC-FLOM 算法在角度估计的成功概率和均方根误差方面均要优于文献[135]中提出的 FLOM-MUSIC 算法；随着广义信噪比增大，两种算法角度估计的成功概率逐渐升高，均方根误差逐渐降低，即角度估计性能随广义信噪比的增大而提高，当信噪比高到一定程度时，两种算法的角度估计性能基本趋于一致。

3.4　基于 INN-SR 的双基地 MIMO 雷达角度估计

3.4.1　无穷范数归一化预处理

采用降维分数低阶协方差矩阵时，根据式(3-10)应通过预先知道特征指数 α 的信息来确定参数 p 的取值，但是，在实践中 α 的先验信息一般很难获得。如果估计特征指数 α 通常需要较大的计算复杂度，而且很难估计出精确的结果。为解决上述问题，本书给出一种无穷范数归一化(Infinitesimal Norm Normalization，INN)预处理去冲击噪声的算法。

根据式(1-3)可知，在冲击噪声背景下，发射阵元数为 M，接收阵元数为 N 的双基地 MIMO 雷达接收信号经匹配滤波处理后可以表示为

$$\boldsymbol{Y}=\boldsymbol{A}_{\mathrm{r}}\boldsymbol{\beta}\boldsymbol{A}_{\mathrm{t}}^{\mathrm{T}}+\boldsymbol{N} \tag{3-17}$$

式中，$\boldsymbol{A}_{\mathrm{r}}=[\boldsymbol{a}_{\mathrm{r}}(\theta_1),\boldsymbol{a}_{\mathrm{r}}(\theta_2),\cdots,\boldsymbol{a}_{\mathrm{r}}(\theta_P)]$，$\boldsymbol{A}_{\mathrm{t}}=[\boldsymbol{a}_{\mathrm{t}}(\varphi_1),\boldsymbol{a}_{\mathrm{t}}(\varphi_2),\cdots,\boldsymbol{a}_{\mathrm{t}}(\varphi_P)]$ 分别为 P 个目标的接收和发射导向矢量矩阵，$\boldsymbol{\beta}=\mathrm{diag}[\beta_1,\beta_2,\cdots,\beta_P]$为 P 个目标的反射系数列向量，$\boldsymbol{N}\in\mathbf{C}^{N\times M}$为零均值独立同分布的 S$\alpha$S 噪声矩阵。

为消除冲击噪声的影响，使匹配滤波后的接收数据满足有界条件并且具备高斯噪声背景下的协方差矩阵形式，可以对双基地 MIMO 雷达的单个脉冲的接收数据用下面的无穷范数进行归一化加权处理：

$$w_{\mathrm{r}}=\frac{1}{\max\{|\boldsymbol{Y}(1,:)|,|\boldsymbol{Y}(2,:)|,\cdots,|\boldsymbol{Y}(N,:)|\}} \tag{3-18}$$

式中，$|\boldsymbol{Y}(n,:)|(n=1,2,\cdots,N)$表示接收数据第 n 行的无穷范数。

加权后的接收数据可以表示为

$$\widetilde{\boldsymbol{Y}}=w_{\mathrm{r}}\boldsymbol{Y}=\boldsymbol{A}_{\mathrm{r}}w_{\mathrm{r}}\boldsymbol{\beta}\boldsymbol{A}_{\mathrm{t}}^{\mathrm{T}}+w_{\mathrm{r}}\boldsymbol{N}=\boldsymbol{A}_{\mathrm{r}}\widetilde{\boldsymbol{\beta}}\boldsymbol{A}_{\mathrm{t}}^{\mathrm{T}}+\widetilde{\boldsymbol{N}} \tag{3-19}$$

可以证明，式(3-19)中 $\boldsymbol{N}$ 为零均值 SαS 分布的冲击噪声，β_p 为零均值高斯分布的反射系数时，则经过式(3-19)加权处理后的接收数据 $\widetilde{\boldsymbol{Y}}$ 的协方差矩阵有界，其表达式可写为

$$\boldsymbol{R}_{\widetilde{\boldsymbol{Y}}}^{\mathrm{r}}=\mathrm{E}\{\widetilde{\boldsymbol{Y}}\widetilde{\boldsymbol{Y}}^{\mathrm{H}}\}=\boldsymbol{A}_{\mathrm{r}}\boldsymbol{\Pi}_{\mathrm{r}}\boldsymbol{A}_{\mathrm{r}}^{\mathrm{H}}+\sigma_{\mathrm{r}}^2\boldsymbol{I}_N \tag{3-20}$$

式中，$\boldsymbol{\Pi}_{\mathrm{r}}$ 和 σ_{r}^2 应满足

$$\boldsymbol{\Pi}_{\mathrm{r}}=M\cdot\mathrm{E}\{|w_{\mathrm{r}}\beta_p|^2\}\boldsymbol{I}_p,\quad p=1,2,\cdots,P$$

$$\sigma_{\mathrm{r}}^2=\mathrm{E}\left\{\sum_{m=1}^{M}|w_{\mathrm{r}}\boldsymbol{N}(i,m)|^2\right\},\quad i=1,2,\cdots,N$$

同理，令 $\boldsymbol{Y}'=\boldsymbol{Y}^{\mathrm{T}}\in\mathbf{C}^{M\times N}$，则 $\boldsymbol{Y}'$ 接收数据矩阵行的无穷范数归一化权系数为

$$w_{\mathrm{t}}=\frac{1}{\max\{|\boldsymbol{Y}'(1,:)|,|\boldsymbol{Y}'(2,:)|,\cdots,|\boldsymbol{Y}'(N,:)|\}}\tag{3-21}$$

则对 $\boldsymbol{Y}'$ 无穷范数归一化预处理后的协方差矩阵可以表示为

$$\boldsymbol{R}_{\tilde{\boldsymbol{Y}}'}^{\mathrm{t}}=\mathrm{E}\{\tilde{\boldsymbol{Y}}'^{\mathrm{T}}\tilde{\boldsymbol{Y}}'^{*}\}=\boldsymbol{A}_{\mathrm{t}}\boldsymbol{\Pi}_{\mathrm{t}}\boldsymbol{A}_{\mathrm{t}}^{\mathrm{H}}+\sigma_{\mathrm{t}}^2\boldsymbol{I}_M\tag{3-22}$$

式中，$\boldsymbol{\Pi}_{\mathrm{t}}$ 和 σ_{t}^2 应满足：

$$\boldsymbol{\Pi}_{\mathrm{t}}=N\cdot\mathrm{E}\{|w_{\mathrm{t}}\beta_p|^2\}\boldsymbol{I}_p,\quad p=1,2,\cdots,P$$

$$\sigma_{\mathrm{t}}^2=\mathrm{E}\left\{\sum_{n=1}^{N}|w_{\mathrm{t}}\boldsymbol{N}(n,i)|^2\right\},\quad i=1,2,\cdots,M$$

同理，可以证明接收数据 $\tilde{\boldsymbol{Y}}'$ 的协方差矩阵 $\boldsymbol{R}_{\tilde{\boldsymbol{Y}}'}^{\mathrm{t}}$ 有界，并且协方差矩阵 $\boldsymbol{R}_{\tilde{\boldsymbol{Y}}'}^{\mathrm{t}}$ 和 $\boldsymbol{R}_{\tilde{\boldsymbol{Y}}}^{\mathrm{r}}$ 的矩阵结构相似。

以协方差矩阵 $\boldsymbol{R}_{\tilde{\boldsymbol{Y}}}^{\mathrm{r}}$ 为例进行分析，根据空间谱估计的子空间理论，$\boldsymbol{R}_{\tilde{\boldsymbol{Y}}}^{\mathrm{r}}$ 进行特征分解后较大的特征值应该有 P 个，而较小的特征值 σ_{r}^2 应该有 $N-P$ 个，大、小特征值对应的特征矢量分别张成信号子空间和噪声子空间。所以，经上述处理后，采用常规的 MUSIC，ESPRIT 等空间谱估计算法利用协方差矩阵 $\boldsymbol{R}_{\tilde{\boldsymbol{Y}}}^{\mathrm{r}}$ 和 $\boldsymbol{R}_{\tilde{\boldsymbol{Y}}'}^{\mathrm{t}}$ 可以方便地估计出目标的 DOA 和 DOD。

3.4.2 SR 方法信源解相干

虽然采用无穷范数对接收数据进行归一化预处理后，可以采用常规的子空间算法对目标进行角度估计，但是这类算法通常需要已知信源的个数，这在实际应用中往往是难以满足的。因此，应用时通常会先估计出目标的个数，但是在冲击噪声的强度较高时，目标的数目的估计又是难以实现的。并且，当信源相干、接收脉冲数较少、信噪比较低时，子空间算法的角度估计精度也会比较差。为此，本书给出一种基于稀疏表示(SR)估计信源角度的方法，无须已知信源的个数并且对相干信源也能很好地工作。

进行无穷范数归一化预处理消除冲击噪声的影响后，得到的协方差矩阵 $\boldsymbol{R}_{\tilde{\boldsymbol{Y}}}^{\mathrm{r}}$ 和 $\boldsymbol{R}_{\tilde{\boldsymbol{Y}}'}^{\mathrm{t}}$ 可以分别估计出目标的 DOA 和 DOD。以使用 $\boldsymbol{R}_{\tilde{\boldsymbol{Y}}}^{\mathrm{r}}$ 估计目标的 DOA 为例，为了对目标波达方向进行稀疏表示，首先将其进行列向量化表

示为

$$\boldsymbol{y}_{\mathrm{r}}=\mathrm{vec}(\boldsymbol{R}_{\widetilde{\mathrm{Y}}}^{\mathrm{r}})=[\boldsymbol{A}_{\mathrm{r}}^{*}\odot\boldsymbol{A}_{\mathrm{r}}]\boldsymbol{\rho}_{\mathrm{r}}+\sigma_{\mathrm{r}}^{2}\mathrm{vec}(\boldsymbol{I}_{N})=\boldsymbol{B}_{\mathrm{r}}\boldsymbol{\rho}_{\mathrm{r}}+\boldsymbol{n}_{\mathrm{r}} \tag{3-23}$$

式中，接收数据列向量 $\boldsymbol{y}_{\mathrm{r}}\in\mathbf{C}^{N^2\times 1}$，导向矢量 $\boldsymbol{B}_{\mathrm{r}}=\boldsymbol{A}_{\mathrm{r}}^{*}\odot\boldsymbol{A}_{\mathrm{r}}\in\mathbf{C}^{N^2\times P}$，信源向量 $\boldsymbol{\rho}_{\mathrm{r}}=[\rho_{\mathrm{r}1},\rho_{\mathrm{r}2},\cdots,\rho_{\mathrm{r}P}]\in\mathbf{C}^{P\times 1}$ 是矩阵 $\boldsymbol{\Pi}_{\mathrm{r}}$ 对角元素构成的列向量，$\boldsymbol{n}_{\mathrm{r}}\in\mathbf{C}^{N^2\times 1}$ 为噪声的列向量。

其次，将整个 MIMO 雷达观测的空间分为 K 个潜在的目标角度：

$$\Omega=\{\tilde{\theta}_1,\tilde{\theta}_2,\cdots,\tilde{\theta}_K\},\quad K\gg P \tag{3-24}$$

利用潜在的目标角度 Ω 构造过完备的 MIMO 雷达导向矢量矩阵 $\widetilde{\boldsymbol{B}}_{\mathrm{r}}$，则

$$\widetilde{\boldsymbol{B}}_{\mathrm{r}}=[\boldsymbol{b}_{\mathrm{r}}(\tilde{\theta}_1),\boldsymbol{b}_{\mathrm{r}}(\tilde{\theta}_2),\cdots,\boldsymbol{b}_{\mathrm{r}}(\tilde{\theta}_K)] \tag{3-25}$$

需注意的是，式(3-25)中的 $\widetilde{\boldsymbol{B}}_{\mathrm{r}}$ 与式(3-23)中的 $\boldsymbol{B}_{\mathrm{r}}$ 不同，$\widetilde{\boldsymbol{B}}_{\mathrm{r}}$ 中的元素是已知的，并且与目标的波达方向无关。

接下来，构造一个 $K\times 1$ 维的目标信号向量 $\tilde{\boldsymbol{\rho}}_{\mathrm{r}}$，当且仅当 $\tilde{\boldsymbol{\rho}}_{\mathrm{r}}$ 向量中的元素应满足当 $\tilde{\theta}_k=\theta_p$ 时有 $\tilde{\boldsymbol{\rho}}_{\mathrm{r}}$ 的第 k 个元素为非 0，所以从目标信号向量 $\tilde{\boldsymbol{\rho}}_{\mathrm{r}}$ 的非 0 元素位置可以计算出信源的角度信息。

当然，目标的真实角度不能总是恰好满足 $\tilde{\theta}_k=\theta_p$，但是，如果构造的 Ω 足够密集，则总会存在 $\tilde{\theta}_k$ 满足 $\tilde{\theta}_k\approx\theta_p$，其中的误差可以由噪声近似地表示。所以，目标的信号模型可以表示为

$$\tilde{\boldsymbol{z}}_{\mathrm{r}}=\widetilde{\boldsymbol{B}}_{\mathrm{r}}\tilde{\boldsymbol{\rho}}_{\mathrm{r}}+\tilde{\boldsymbol{n}}_{\mathrm{r}} \tag{3-26}$$

式中，$\widetilde{\boldsymbol{B}}_{\mathrm{r}}$ 为构造的发射导向矢量的过完备字典。这表示如果稀疏矩阵 $\tilde{\boldsymbol{\rho}}_{\mathrm{r}}$ 能从向量 $\tilde{\boldsymbol{z}}_{\mathrm{r}}$ 中恢复出来，那么 DOA 可以从 $\tilde{\boldsymbol{\rho}}_{\mathrm{r}}$ 中非零行的位置来进行估计，问题可以描述为

$$\left.\begin{array}{ll}\min & \|\tilde{\boldsymbol{\rho}}_{\mathrm{r}}\|_0\\ \text{限制条件} & \|\tilde{\boldsymbol{z}}_{\mathrm{r}}-\widetilde{\boldsymbol{B}}_{\mathrm{r}}\tilde{\boldsymbol{\rho}}_{\mathrm{r}}\|_2^2\leqslant\gamma\end{array}\right\} \tag{3-27}$$

式中，$\|\tilde{\boldsymbol{\rho}}_{\mathrm{r}}\|_0$ 为 $\tilde{\boldsymbol{\rho}}_{\mathrm{r}}$ 的零范数，表征其稀疏度的大小；$\|\tilde{\boldsymbol{z}}_{\mathrm{r}}-\widetilde{\boldsymbol{B}}_{\mathrm{r}}\tilde{\boldsymbol{\rho}}_{\mathrm{r}}\|_2^2$ 为数据 $\tilde{\boldsymbol{z}}_{\mathrm{r}}-\widetilde{\boldsymbol{B}}_{\mathrm{r}}\tilde{\boldsymbol{\rho}}_{\mathrm{r}}$ 的 2 范数，表征恢复误差的大小；γ 为数据恢复误差的上界。

式(3-27)所描述的问题是多向量恢复问题，$\widetilde{\boldsymbol{B}}_{\mathrm{r}}$ 通常被称之为恢复矩阵或恢复字典。通过稀疏恢复的方法可以得到 $\tilde{\boldsymbol{\rho}}_{\mathrm{r}}$，其中的非零行将决定 DOA 的角度估计。

同理，对于目标的波离方向 DOD 可以使用 $\boldsymbol{R}_{\widetilde{\mathrm{Y}}'}^{\mathrm{t}}$ 矩阵重复式(3-23)～式(3-27)的方法求出。因为目标的波达方向和波离方向是分别独立估计出来的，所有需要对目标的收发角度进行配对处理的，可参考文献[136]采用最大

似然的方法。采用上述算法在冲击噪声下对 MIMO 雷达的目标进行角度估计，主要的优点是无须已知信源的个数，并且在相干目标下也可以工作。

3.4.3 INN-SR 算法步骤

根据上述分析，可以将使用 INN-SR 算法对冲击噪声背景下相干信源的双基地 MIMO 雷达角度估计的运算步骤归纳如下：

Step 1：对双基地 MIMO 雷达接收的单个脉冲的回波信号进行匹配滤波处理，得到式(3-15)表示的信号；

Step 2：根据式(3-19)分别对式(3-17)表示的信号进行无穷范数归一化加权预处理；

Step 3：根据式(3-20)和式(3-21)计算出无穷范数归一化预处理后的协方差矩阵 $\boldsymbol{R}_{\tilde{Y}}^{r}$ 和 $\boldsymbol{R}_{\tilde{Y}'}^{t}$；

Step 4：为了对目标波达方向进行稀疏表示，根据式(3-23)将 $\boldsymbol{R}_{\tilde{Y}}^{r}$ 进行列向量化表示；

Step 5：根据式(3-26)构造目标波达方向估计的稀疏表示信号模型；

Step 6：将波达方向估计模型描述为式(3-27)所表示的多向量恢复优化问题，并对其进行求解，得到目标的 DOA；

Step 7：重复 Step 4～Step 6 对无穷范数归一化预处理后的协方差矩阵 $\boldsymbol{R}_{\tilde{Y}'}^{t}$ 进行同样的处理，求解得到目标的 DOD；

Step 8：根据参考文献[136]中的最大似然的方法对求解得到的目标的 DOA 和 DOD 信息进行配对。

3.4.4 计算机仿真结果

为了对 INN-SR 算法的角度估计性能进行验证，本书设置了下述相应的条件进行计算机仿真。假设双基地 MIMO 雷达的收发天线均为等间距的均匀线阵，阵元间距为 0.5λ，采用式(3-15)定义的广义信噪比表征信号功率和冲击噪声功率的对比情况。

仿真 1：冲击噪声背景下，不同算法对相干信源的角度估计情况

假设双基地 MIMO 雷达有 4 个发射阵元、6 个接收阵元，在冲击噪声背景下对 3 个等功率的相干信源进行角度估计，其相对发射阵列的波离方向分别为 $-20°$，$15°$，$45°$，相对接收阵列的波达方向分别为 $30°$，$-28°$，$0°$，取 $\alpha=1.5$ 的 SαS 分布冲击噪声，广义信噪比为 5 dB，图 3.6(a)和图 3.6(b)分别仿真了 50 次 Monte-Carlo 实验时 ESPRIT 算法和 INN-SR 算法对目标 DOD 和

DOA 联合估计的星座图，其中“＋”表示目标的真实位置。

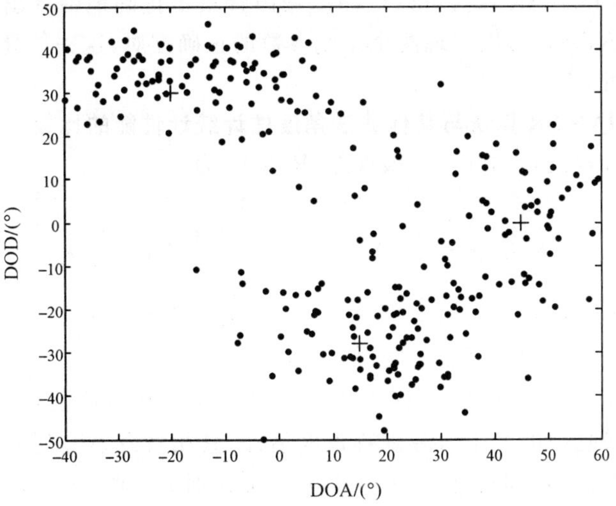

(a)

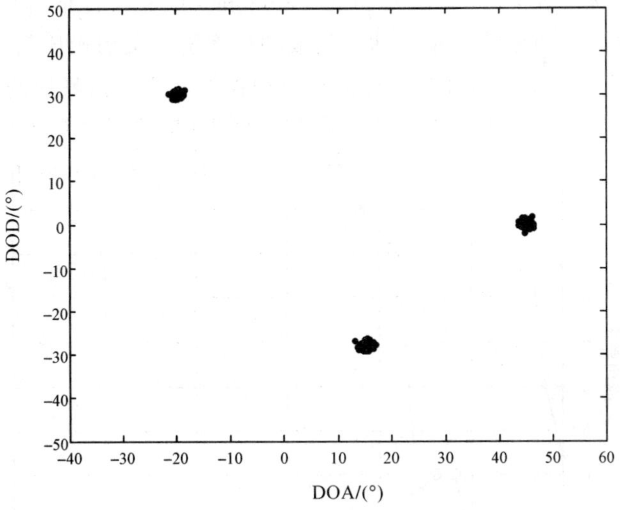

(b)

图 3.6　冲击噪声下不同算法对相干源角度估计

(a) ESPRIT 算法估计效果；(b) INN-SR 算法估计效果

由图 3.6 的仿真结果可见：在冲击噪声背景下用 ESPRIT 算法对相干信源角度估计时，已不能正确估计出目标的波达方向和波离方向，说明常规的子空间类算法应用在双基地 MIMO 雷达时不具备抑制冲击噪声和对信源解相干的能力;而 INN-SR 算法可以在冲击噪声背景下正确地估计出相干信源的 DOD 和 DOA,并且可以实现两个角度参数的正确配对,这一仿真结果验证了算法的有效性。

仿真 2:INN-SR 算法与其他算法角度估计统计性能的比较

定义目标收发角估计均方根误差(RSME)为

$$\mathrm{RMSE}(\varphi,\theta)=\sqrt{\frac{1}{L_m}\sum_{l_m=1}^{L_m}\left[(\hat{\varphi}_{p_{l_m}}-\varphi_{p_{l_m}})^2+(\hat{\theta}_{p_{l_m}}-\theta_{p_{l_m}})^2\right]} \tag{3-28}$$

式中,L_m 表示 Monte-Carlo 实验次数;$\theta_{p_{l_m}}$,$\hat{\theta}_{p_{l_m}}$ 和 $\varphi_{p_{l_m}}$,$\hat{\varphi}_{p_{l_m}}$ 分别表示目标波达方向和波离方向的真实角度、估计角度。

假设双基地 MIMO 雷达有 4 个发射阵元、4 个接收阵元,在冲击噪声背景下对两个等功率的相干信源进行角度估计,其相对发射阵列的波离方向分别为 $-20°$ 和 $40°$,相对接收阵列的波达方向分别为 $30°$,$-50°$,取 $\alpha=1.5$ 的 $S\alpha S$ 分布冲击噪声,如图 3.7 所示为仿真了 50 次 Monte-Carlo 实验时 FLOS-FAF 算法[129] 和 INN-SR 算法对目标 DOD 和 DOA 联合估计的统计性能。其中,图 3.7(a)为两种算法角度估计的成功概率随广义信噪比的变化情况,图 3.7(b)为两种算法角度估计归一化的均方根误差随广义信噪比的变化情况。

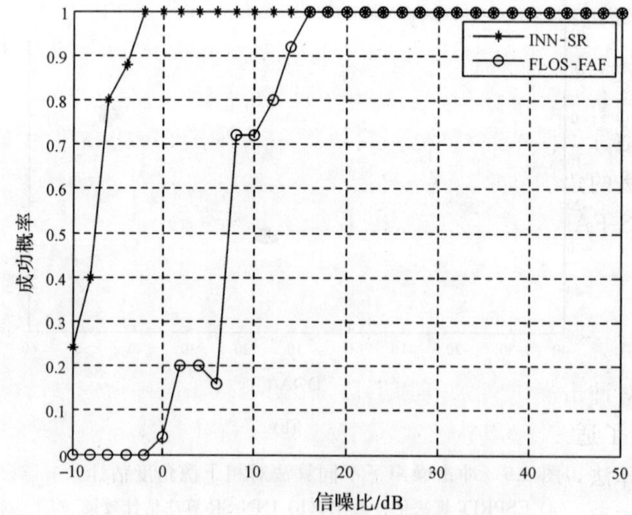

(a)

图 3.7 冲击噪声下不同算法角度估计性能比较

(a) 成功概率

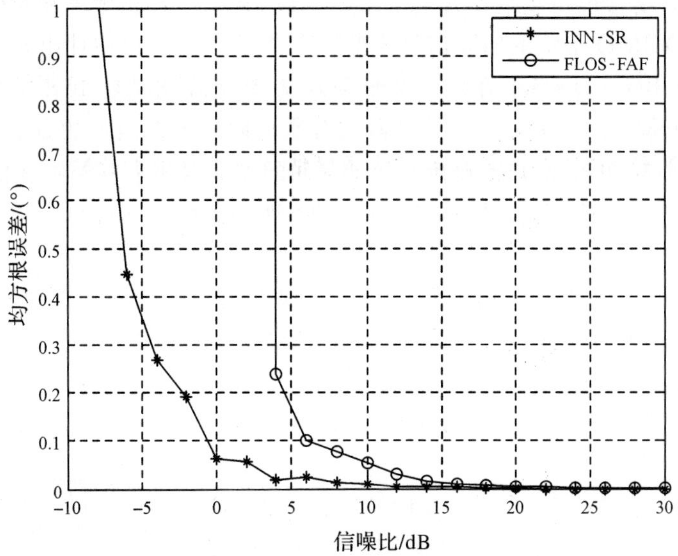

(b)

续图 3.7　冲击噪声下不同算法角度估计性能比较

(b) 均方根误差

由图 3.7 的仿真结果可见：在冲击噪声背景下，INN-SR 算法比文献[129]中的 FLOS-FAF 算法对相干信源的角度估计性能要好，仿真中表现为统计性能的成功概率高并且低信噪比的情况下均方根误差小；随着广义信噪比增大，两种算法的均方根误差逐渐减小，成功概率逐渐增大，也就是说大的广义信噪比有益于算法的角度估计结果，并且当广义信噪比高到一定程度时，INN-SR 算法和 FLOS-FAF 算法的角度估计性能将趋于一致。

3.5　本章小结

本章针对冲击噪声背景下相干信源的 MIMO 雷达角度估计问题开展研究，分别给出了适用于单基地雷达的 RCC-FLOM 算法和适用于双基地雷达的 INN-SR 算法，所完成的主要工作及 RCC-FLOM 算法、INN-SR 算法的特点可以归纳如下：

(1)给出了冲击噪声服从的分布及其特征函数、概率密度函数的表达式，研究并仿真了 α，β，μ，γ 四个参数改变时对噪声特性的影响，分析了冲击噪声的特点及其给常规角度估计方法带来的问题，建立了冲击噪声背景下单基地和双基地 MIMO 雷达的回波信号模型。

(2)给出了一种基于降维分数低阶协方差矩阵的共轭旋转不变子空间(RCC-FLOM)算法，先是采用构造降维分数低阶协方差矩阵的方法降低了冲击噪声的影响，再根据共轭旋转不变子空间的方法对相干信源做解相干处理，解决了冲击噪声背景下二阶或四阶统计模型不能有效进行目标角度估计的问题。

(3)给出了一种基于无穷范数归一化预处理和稀疏表示的(INN-SR)算法，先是采用无穷范数归一化预处理的方法降低了冲击噪声的影响，再利用稀疏分解的方法构造恢复字典分别估计出目标的波达方向和波离方向，再根据最大似然法实现目标收发角的准确配对，该算法无须已知信源个数并且对相干信源也能很好地工作。

(4)通过仿真验证了 RCC-FLOM 算法和 INN-SR 算法可以在冲击噪声背景下实现对相干信源角度的准确估计，并且通过 50 次 Monte-Carlo 实验的统计结果比较可以发现给出的算法比现有的 FLOM-MUSIC 算法、FLOS-FAF算法具有角度估计成功概率高、低信噪比情况下均方根误差小的优点。

第4章 非平稳噪声背景下相干信源MIMO雷达目标角度估计

4.1 引 言

当前关于MIMO雷达目标角度估计的研究一般均假定环境噪声为服从高斯分布的白噪声。但在实际应用中，战场上的电磁环境日益复杂，利用MIMO雷达作为侦察传感器必然面临以下两个问题[137-138]：第一，由于低空多径效应或相干电子干扰的影响，接收信号是相干与非相干混合的；第二，当遇到海浪引起的尖峰或大反射体引起的闪烁时，接收噪声将是非平稳的。上述两个实际问题在一定程度上制约了MIMO雷达在军事领域的广泛应用，急须寻求有效的技术手段予以解决。

当前，国内外已有学者对非平稳噪声背景下相干信源角度估计问题开展了一些有价值的研究。文献[139－140]研究了采用空间平滑处理对多径信源解相干的方法，但是所提算法会造成阵列孔径的损失；文献[141]所介绍的最大似然类(ML)算法可以直接估计出相干信源的角度，但是需要高维谱峰搜索，计算量较大；文献[142]将独立信源和相干信源分开分辨，以此增加可分辨的信源数，但不适用于非平稳噪声环境。因此，针对现有方法的不足，本章给出了基于斜投影算子和Teoplitz矩阵重构(Cross-correlation Vector Toeplitz Reconstruction and Oblique Projection，CVTR-OP)的角度估计算法。该算法解相干的过程中没有阵列孔径损失，可适用于各种阵列结构的MIMO雷达，角度估计成功概率高并且在低信噪比情况下均方根误差小，具有更好地适应非平稳噪声的能力，并且信源过载能力和阵元节省能力强。

4.2 非平稳噪声下回波模型及其特征

4.2.1 回波信号模型

考虑如图1.1所示的双基地MIMO雷达，发射天线和接收天线分别采用

M 阵元和的 N 阵元的均匀线阵，取阵元间距 $d_t = d_r = \lambda/2$，λ 为载波波长。假设雷达远场有 P 个目标，对应的波达方向(DOA)为 θ_p，波离方向(DOD)为 φ_p。根据式(1-5)，在目标为理想点目标情况下，接收的单个脉冲的回波信号经过匹配滤波后可得

$$\boldsymbol{y}(t_l) = \boldsymbol{A}\boldsymbol{\alpha}(t_l) + \boldsymbol{n}(t_l) \tag{4-1}$$

式中，$\boldsymbol{A} = [\boldsymbol{a}(\varphi_1,\theta_1), \boldsymbol{a}(\varphi_2,\theta_2), \cdots, \boldsymbol{a}(\varphi_P,\theta_P)]$，$\boldsymbol{a}(\varphi_p,\theta_p) = \boldsymbol{a}_r(\theta_p) \otimes \boldsymbol{a}_t(\varphi_p)$，$\boldsymbol{a}_t(\varphi_p)$ 和 $\boldsymbol{a}_r(\theta_p)$ 分别表示 MIMO 雷达对第 p 个目标的发射和接收阵列的方向矢量，即 $\boldsymbol{a}_t(\varphi_p) = [1, e^{-j\pi\sin\varphi_p}, \cdots, e^{-j\pi(M-1)\sin\varphi_p}]^T$，$\boldsymbol{a}_r(\theta_p) = [1, e^{-j\pi\sin\theta_p}, \cdots, e^{-j\pi(N-1)\sin\theta_p}]^T$，$\boldsymbol{\alpha}(t_l) = \xi_p e^{j2\pi f_{dp} t_l}$，$\xi_p$ 表示目标 p 的反射系数，f_{dp} 表示目标 p 的多普勒频移，$\boldsymbol{n}(t_l)$ 表示接收噪声，$l = 1, 2, \cdots, L$ 表示积累的脉冲数，$\otimes$ 表示 Kronecker 积。

4.2.2 协方差矩阵特征

当 P 个信源中既有独立信源也有相干信源时，设前 G 个为相干信源，则独立信源个数 $U = P - G$，协方差矩阵 $\boldsymbol{R}$ 可分解为

$$\begin{aligned}\boldsymbol{R} = {} & \boldsymbol{A}_c \mathrm{E}[\boldsymbol{\alpha}_c(t_l)\boldsymbol{\alpha}_c^H(t_l)]\boldsymbol{A}_c^H + \boldsymbol{A}_{nc}\mathrm{E}[\boldsymbol{\alpha}_{nc}(t_l)\boldsymbol{\alpha}_{nc}^H(t_l)]\boldsymbol{A}_{nc}^H + \boldsymbol{\varphi} = \\ & \boldsymbol{A}_c\boldsymbol{Q}_c\boldsymbol{A}_c^H + \boldsymbol{A}_{nc}\boldsymbol{Q}_{nc}\boldsymbol{A}_{nc}^H + \boldsymbol{\varphi} = \\ & \boldsymbol{A}\boldsymbol{Q}\boldsymbol{A}^H + \boldsymbol{\varphi}\end{aligned} \tag{4-2}$$

式中，$\boldsymbol{A} = [\boldsymbol{A}_c, \boldsymbol{A}_{nc}]$；$\boldsymbol{Q} = \begin{bmatrix} \boldsymbol{Q}_c & 0 \\ 0 & \boldsymbol{Q}_{nc} \end{bmatrix}$；$\boldsymbol{\varphi}$ 是噪声协方差矩阵。

根据文献[143]，第 i, j 个脉冲周期的噪声互相关矩阵 $\boldsymbol{\varphi}$ 满足

$$\boldsymbol{\varphi} = \mathrm{E}[\boldsymbol{n}(t_i)\boldsymbol{n}^H(t_j)] = \begin{cases} \boldsymbol{I}_M \otimes \boldsymbol{\Phi}_w, & i = j \\ 0, & i \neq j \end{cases} \tag{4-3}$$

若接收噪声是空间非平稳的白噪声，则阵元间噪声功率不等且互不相关，即 $\boldsymbol{\Phi}_w = \boldsymbol{\varphi} = \mathrm{diag}[\sigma_1{}^2, \sigma_2^2, \cdots, \sigma_M{}^2]$，$\sigma_i^2$ 表示阵元 i 的噪声功率。这种情况下，基于高斯白噪声模型的谱估计算法角度估计误差较大，会造成角度估计的性能损失[144]。

4.3 基于 CVTR-OP 处理的目标角度估计算法

4.3.1 CVTR 方法解相干

混合信源协方差矩阵 $\boldsymbol{Q}$ 可以改写为[138]

$$\boldsymbol{Q}=\begin{bmatrix} \rho_1^2\,|\alpha_0(t_l)|^2 & \rho_1\rho_2^*\,|\alpha_0(t_l)|^2 & \cdots & \rho_1\rho_G^*\,|\alpha_0(t_l)|^2 & 0 & \cdots & 0 \\ \rho_2\rho_1^*\,|\alpha_0(t_l)|^2 & \rho_2^2\,|\alpha_0(t_l)|^2 & \cdots & \rho_2\rho_G^*\,|\alpha_0(t_l)|^2 & 0 & \cdots & 0 \\ \vdots & \vdots & & \vdots & \vdots & & \vdots \\ \rho_G\rho_1^*\,|\alpha_0(t_l)|^2 & \rho_G\rho_2^*\,|\alpha_0(t_l)|^2 & \cdots & \rho_G^2\,|\alpha_0(t_l)|^2 & 0 & \cdots & 0 \\ 0 & 0 & \cdots & 0 & |\alpha_{G+1}(t_l)|^2 & \cdots & 0 \\ \vdots & \vdots & & \vdots & \vdots & & \vdots \\ 0 & 0 & \cdots & 0 & 0 & \cdots & |\alpha_P(t_l)|^2 \end{bmatrix} \tag{4-4}$$

式中，$\alpha_0(t_l)$表示相干源的基信源；ρ_l 为第 l 个相干信源的相干因子。

将式(4-4)代入式(4-2)，求出回波协方差矩阵 $\boldsymbol{R}$ 第一行表达式为

$$\boldsymbol{V}=\begin{bmatrix} \boldsymbol{R}_{1,1} \\ \boldsymbol{R}_{1,2} \\ \vdots \\ \boldsymbol{R}_{1,M} \\ \boldsymbol{R}_{1,M+1} \\ \boldsymbol{R}_{1,M+2} \\ \vdots \\ \boldsymbol{R}_{1,2M} \\ \vdots\ \boldsymbol{R}_{1,(N-1)M+1} \\ \boldsymbol{R}_{1,(N-1)M+2} \\ \vdots \\ R_{1,NM} \end{bmatrix}=\begin{bmatrix} 1 & 1 & \cdots & 1 \\ e^{-j\pi\sin\varphi_1} & e^{-j\pi\sin\varphi_2} & \cdots & e^{-j\pi\sin\varphi_P} \\ \vdots & \vdots & & \vdots \\ e^{-j\pi(M-1)\sin\varphi_1} & e^{-j\pi(M-1)\sin\varphi_2} & \cdots & e^{-j\pi(M-1)\sin\varphi_P} \\ e^{-j\pi\sin\theta_1} & e^{-j\pi\sin\theta_2} & \cdots & e^{-j\pi\sin\theta_P} \\ e^{-j\pi(\sin\varphi_1+\sin\theta_1)} & e^{-j\pi(\sin\varphi_2+\sin\theta_2)} & \cdots & e^{-j\pi(\sin\varphi_P+\sin\theta_P)} \\ \vdots & \vdots & & \vdots \\ e^{-j\pi[(M-1)\sin\varphi_1+\sin\theta_1]} & e^{-j\pi[(M-1)\sin\varphi_2+\sin\theta_2]} & \cdots & e^{-j\pi[(M-1)\sin\varphi_P+\sin\theta_P]} \\ \vdots & \vdots & & \vdots \\ e^{-j\pi(N-1)\sin\theta_1} & e^{-j\pi(N-1)\sin\theta_2} & \cdots & e^{-j\pi(N-1)\sin\theta_P} \\ e^{-j\pi(\sin\varphi_1+(N-1)\sin\theta_1)} & e^{-j\pi(\sin\varphi_2+(N-1)\sin\theta_2)} & \cdots & e^{-j\pi(\sin\varphi_P+(N-1)\sin\theta_P)} \\ \vdots & \vdots & & \vdots \\ e^{-j\pi[(M-1)\sin\varphi_1+(N-1)\sin\theta_1]} & e^{-j\pi[(M-1)\sin\varphi_2+(N-1)\sin\theta_2]} & \cdots & e^{-j\pi[(M-1)\sin\varphi_P+(N-1)\sin\theta_P]} \end{bmatrix}_{NM\times P}\times$$

$$\begin{bmatrix} \rho_1^*\eta \\ \vdots \\ \rho_G^*\eta \\ |\alpha_{G+1}(t_l)|^2 \\ \vdots \\ |\alpha_P(t_l)|^2 \end{bmatrix}_{P\times 1}+\begin{bmatrix} \sigma_1^2 \\ 0 \\ \vdots \\ 0 \\ 0 \\ 0 \\ \vdots \\ 0 \\ \vdots \\ 0 \\ 0 \\ \vdots \\ 0 \end{bmatrix}_{NM\times 1}=\boldsymbol{AS}+\sigma_1^2\boldsymbol{J} \tag{4-5}$$

式中,$\boldsymbol{R}_{1,i}(i=1,\cdots,NM)$表示矩阵$\boldsymbol{R}$的第 1 行中第$i$个元素,$\boldsymbol{J}$表示首元素是 1,其余元素是 0 的$NM\times 1$向量,$\boldsymbol{S}=[\rho_1^*\eta,\cdots,\rho_G^*\eta,|\alpha_{G+1}(t_l)|^2,\cdots,|\alpha_P(t_l)|^2]^{\mathrm{T}}$,$\eta=(\rho_1+\cdots+\rho_G)|\alpha_0(t)|^2$。

将$\boldsymbol{V}$进行 Toeplitz 重构[138],得到矩阵$\boldsymbol{R}_{\mathrm{T}}$为

$$\boldsymbol{R}_{\mathrm{T}}=\mathrm{Toeplitz}(\boldsymbol{V})=\begin{bmatrix}\boldsymbol{R}_{1,1} & \boldsymbol{R}_{1,2} & \cdots & \boldsymbol{R}_{1,NM}\\ \boldsymbol{R}_{1,2}^* & \boldsymbol{R}_{1,1} & \cdots & \boldsymbol{R}_{1,NM-1}\\ \vdots & \vdots & & \vdots\\ \boldsymbol{R}_{1,NM}^* & \boldsymbol{R}_{1,NM-1}^* & \cdots & \boldsymbol{R}_{1,1}\end{bmatrix} \tag{4-6}$$

则矩阵$\boldsymbol{R}_{\mathrm{T}}$可以表示为

$$\boldsymbol{R}_{\mathrm{T}}=\boldsymbol{A}\boldsymbol{Q}'\boldsymbol{A}^{\mathrm{H}}+\sigma_1^2\boldsymbol{I}=\boldsymbol{A}_{\mathrm{c}}\boldsymbol{Q}'_{\mathrm{c}}\boldsymbol{A}_{\mathrm{c}}^{\mathrm{H}}+\boldsymbol{A}_{\mathrm{nc}}\boldsymbol{Q}'_{\mathrm{nc}}\boldsymbol{A}_{\mathrm{nc}}^{\mathrm{H}}+\sigma_1^2\boldsymbol{I} \tag{4-7}$$

式中,$\boldsymbol{Q}'=\mathrm{diag}(\boldsymbol{S})$,diag(·)表示构成对角矩阵运算,$\boldsymbol{I}$表示$NM\times NM$维的单位矩阵,$\boldsymbol{Q}'_{\mathrm{c}}=\mathrm{diag}\{[\rho_1^*\eta,\cdots,\rho_G^*\eta]^{\mathrm{T}}\}$,$\boldsymbol{Q}'_{\mathrm{nc}}=\mathrm{diag}\{[|\alpha_{G+1}(t_l)|^2,\cdots,|\alpha_P(t_l)|^2]^{\mathrm{T}}\}$。

因此,通过对矩阵$\boldsymbol{R}$进行 Toeplitz 重构,可以得到满秩的新的协方差矩阵$\boldsymbol{Q}'$,给出的方法在对信源解相干的同时也将非平稳噪声变换成了高斯白噪声。

4.3.2 OP 方法剔除非相干源

子空间$\langle\boldsymbol{A}_{\mathrm{nc}}\rangle$和子空间$\langle\boldsymbol{A}_{\mathrm{c}}\rangle$的斜投影算子$\boldsymbol{E}_{\boldsymbol{A}_{\mathrm{nc}}|\boldsymbol{A}_{\mathrm{c}}}$为

$$\boldsymbol{E}_{\boldsymbol{A}_{\mathrm{nc}}|\boldsymbol{A}_{\mathrm{c}}}=\boldsymbol{A}_{\mathrm{nc}}(\boldsymbol{A}_{\mathrm{nc}}^{\mathrm{H}}\boldsymbol{F}_{\boldsymbol{A}_{\mathrm{c}}}^{\perp}\boldsymbol{A}_{\mathrm{nc}})^{-1}\boldsymbol{A}_{\mathrm{nc}}^{\mathrm{H}}\boldsymbol{F}_{\boldsymbol{A}_{\mathrm{c}}}^{\perp} \tag{4-8}$$

式中,$\boldsymbol{F}_{\boldsymbol{A}_{\mathrm{c}}}^{\perp}=\boldsymbol{I}-\boldsymbol{F}_{\boldsymbol{A}_{\mathrm{c}}}$,$\boldsymbol{F}_{\boldsymbol{A}_{\mathrm{c}}}$表示$\langle\boldsymbol{A}_{\mathrm{c}}\rangle$的正交投影。

根据式(4-8),可得

$$(\boldsymbol{I}-\boldsymbol{E}_{\boldsymbol{A}_{\mathrm{nc}}|\boldsymbol{A}_{\mathrm{c}}})\boldsymbol{R}_1(\boldsymbol{I}-\boldsymbol{E}_{\boldsymbol{A}_{\mathrm{nc}}|\boldsymbol{A}_{\mathrm{c}}})^{\mathrm{H}}=\boldsymbol{A}_{\mathrm{c}}\boldsymbol{Q}'_{\mathrm{c}}\boldsymbol{A}_{\mathrm{c}}^{\mathrm{H}} \tag{4-9}$$

式中,$\boldsymbol{R}_1=\boldsymbol{R}_{\mathrm{T}}-\sigma_1^2\boldsymbol{I}$,$\sigma_1^2\boldsymbol{I}$通过文献[145]的方法可求出。

式(4-9)剔除了独立信源信息,只有相干信源信息。但是,由于$\boldsymbol{A}_{\mathrm{c}}$先验未知将使$\boldsymbol{F}_{\boldsymbol{A}_{\mathrm{c}}}^{\perp}$不可求解,所以现实应用中往往无法直接获得式(4-9)。

可是,若满足$U+1<NM$,有[138]

$$\begin{aligned}&\boldsymbol{A}_{\mathrm{nc}}(\boldsymbol{A}_{\mathrm{nc}}^{\mathrm{H}}\boldsymbol{F}_{\boldsymbol{A}_{\mathrm{c}}}^{\perp}\boldsymbol{A}_{\mathrm{nc}})^{-1}\boldsymbol{A}_{\mathrm{nc}}^{\mathrm{H}}\boldsymbol{F}_{\boldsymbol{A}_{\mathrm{c}}}^{\perp}=\\&\boldsymbol{A}_{\mathrm{nc}}[\mathrm{diag}\{\boldsymbol{R}_{\mathrm{nc}}^{-1}\}]^{-1}\cdot\mathrm{diag}\{\boldsymbol{R}_{\mathrm{nc}}^{-1}\}(\boldsymbol{A}_{\mathrm{nc}}^{\mathrm{H}}\boldsymbol{F}_{\boldsymbol{A}_{\mathrm{c}}}^{\perp}\boldsymbol{A}_{\mathrm{nc}})^{-1}\boldsymbol{A}_{\mathrm{nc}}^{\mathrm{H}}\boldsymbol{F}_{\boldsymbol{A}_{\mathrm{c}}}^{\perp}=\\&\boldsymbol{A}_{\mathrm{nc}}[\mathrm{diag}\{\boldsymbol{R}_{\mathrm{nc}}^{-1}\}(\boldsymbol{A}_{\mathrm{nc}}^{\mathrm{H}}\boldsymbol{F}_{\boldsymbol{A}_{\mathrm{c}}}^{\perp}\boldsymbol{A}_{\mathrm{nc}})^{-1}\boldsymbol{A}_{\mathrm{nc}}^{\mathrm{H}}\boldsymbol{F}_{\boldsymbol{A}_{\mathrm{c}}}^{\perp}\boldsymbol{A}_{\mathrm{nc}}]^{-1}\cdot\mathrm{diag}\{\boldsymbol{R}_{\mathrm{nc}}^{-1}\}(\boldsymbol{A}_{\mathrm{nc}}^{\mathrm{H}}\boldsymbol{F}_{\boldsymbol{A}_{\mathrm{c}}}^{\perp}\boldsymbol{A}_{\mathrm{nc}})^{-1}\boldsymbol{A}_{\mathrm{nc}}^{\mathrm{H}}\boldsymbol{F}_{\boldsymbol{A}_{\mathrm{c}}}^{\perp}=\\&\boldsymbol{A}_{\mathrm{nc}}(\boldsymbol{A}_{\mathrm{nc}}^{\mathrm{H}}\boldsymbol{R}_1^{\#}\boldsymbol{A}_{\mathrm{nc}})^{-1}\boldsymbol{A}_{\mathrm{nc}}^{\mathrm{H}}\boldsymbol{R}_1^{\#}\end{aligned} \tag{4-10}$$

因此,$\boldsymbol{E}_{\boldsymbol{A}_{\mathrm{nc}}|\boldsymbol{A}_{\mathrm{c}}}$还可以通过下式求得:

$$\boldsymbol{E}_{\boldsymbol{A}_{\mathrm{nc}}|\boldsymbol{A}_{\mathrm{c}}}=\boldsymbol{A}_{\mathrm{nc}}(\boldsymbol{A}_{\mathrm{nc}}^{\mathrm{H}}\boldsymbol{R}_1^{\#}\boldsymbol{A}_{\mathrm{nc}})^{-1}\boldsymbol{A}_{\mathrm{nc}}^{\mathrm{H}}\boldsymbol{R}_1^{\#} \tag{4-11}$$

式中，$(\cdot)^{\#}$ 为矩阵 Moore-Penrose 伪逆，$\boldsymbol{R}_1^{\#}=(\boldsymbol{A}^{\#})^{\mathrm{H}}(\boldsymbol{P}')^{-1}\boldsymbol{A}^{\#}$，$\boldsymbol{A}^{\#}=(\boldsymbol{A}^{\mathrm{H}}\boldsymbol{A})^{-1}\boldsymbol{A}^{\mathrm{H}}$。

定义可求解的新的矩阵 $\boldsymbol{R}_{\mathrm{c}}$ 为

$$\boldsymbol{R}_{\mathrm{c}} \overset{\mathrm{def}}{=\!=} \boldsymbol{A}_{\mathrm{c}} \cdot \boldsymbol{Q}'_{\mathrm{c}} \cdot \boldsymbol{A}_{\mathrm{c}}^{\mathrm{H}} \tag{4-12}$$

则 $\boldsymbol{R}_{\mathrm{c}}$ 只有相干信源的信息，用 CVTR 解相干后对 $\boldsymbol{R}_{\mathrm{c}}$ 特征值分解会有 G 个非零特征值和 $NM-G$ 个零特征值。

根据 m-Capon 算法[146]可以估计出目标波达角和波离角为

$$[\hat{\varphi}_p,\hat{\theta}_p]=\arg\min_{\varphi,\theta}\{\boldsymbol{a}_{\mathrm{t}}^{\mathrm{H}}(\varphi)\ [\boldsymbol{a}_{\mathrm{r}}(\theta)\otimes \boldsymbol{I}_M]^{\mathrm{H}}\hat{\boldsymbol{R}}_{\mathrm{c}}^{-m}[\boldsymbol{a}_{\mathrm{r}}(\theta)\otimes \boldsymbol{I}_M]\boldsymbol{a}_{\mathrm{t}}(\varphi)\} \tag{4-13}$$

因为导向矢量 $\boldsymbol{a}_{\mathrm{t}}(\varphi)$中的首元素是 1，则式(4－13)可以改写为下面的带约束性优化问题

$$[\hat{\varphi}_p,\hat{\theta}_p]=\arg\min_{\varphi,\theta}[\boldsymbol{a}_{\mathrm{t}}^{\mathrm{H}}(\varphi)\boldsymbol{F}(\theta)\boldsymbol{a}_{\mathrm{t}}(\varphi)] \quad 使得 \quad \boldsymbol{e}_1^{\mathrm{T}}\boldsymbol{a}_{\mathrm{t}}(\varphi)=1 \tag{4-14}$$

式中，$\boldsymbol{F}(\theta)=[\boldsymbol{a}_{\mathrm{r}}(\theta)\otimes \boldsymbol{I}_M]^{\mathrm{H}}\hat{R}_{\mathrm{c}}^{-m}[\boldsymbol{a}_{\mathrm{r}}(\theta)\otimes \boldsymbol{I}_M]$，$\boldsymbol{e}_1$ 为首元素是 1，其余元素是 0 的 $M\times 1$ 维向量。

根据拉格朗日乘子法可求出式(4－14)的解为

$$\hat{\theta}_p=\arg\min_{\theta}\frac{1}{\boldsymbol{e}_1^{\mathrm{T}}\boldsymbol{F}^{-1}(\theta)\boldsymbol{e}_1}=\arg\max_{\theta}\boldsymbol{e}_1^{\mathrm{T}}\boldsymbol{F}^{-1}(\theta)\boldsymbol{e}_1 \tag{4-15}$$

$$\hat{\boldsymbol{a}}_{\mathrm{t}}(\varphi_p)=\frac{\boldsymbol{F}^{-1}(\hat{\theta}_p)\boldsymbol{e}_1}{\boldsymbol{e}_1^{\mathrm{T}}\boldsymbol{F}^{-1}(\hat{\theta}_p)\boldsymbol{e}_1},\quad p=1,2,\cdots,P \tag{4-16}$$

通过对式(4－15)中的 $\theta\in(-90°,90°)$搜索，能求出 $\boldsymbol{F}^{-1}(\theta)$中第(1,1)元素的 P 个最大的谱峰，这 P 个谱峰的角度值便为目标的 P 个 DOA 估计。

依次将 P 个 DOA 估计值代入式(4－16)，可求出对应的目标发射导向矢量 $\hat{\boldsymbol{a}}_{\mathrm{t}}(\varphi_p)$，计算出 $\hat{\varphi}_p$ 为

$$\hat{\varphi}_p=\arcsin\left[\frac{1}{\pi(M-1)}\sum_{m=2}^{M}\mathrm{angle}(\hat{\boldsymbol{a}}_{\mathrm{t}p,m}^{*}\hat{\boldsymbol{a}}_{\mathrm{t}p,m-1})\right],\quad p=1,2,\cdots,G \tag{4-17}$$

式中，$\hat{\boldsymbol{a}}_{\mathrm{t}p,m}$ 为 $\hat{\boldsymbol{a}}_{\mathrm{t}}(\hat{\varphi}_p)$的第 m 个元素。

4.3.3 CVTR-OP 算法步骤

根据上述分析，可以将使用 CVTR-OP 算法对非平稳噪声背景下相干信

源的双基地 MIMO 雷达角度估计的运算步骤归纳如下：

Step 1：获得双基地 MIMO 雷达单个脉冲回波匹配滤波后的数据 $\boldsymbol{y}(t_l)$，计算出信号协方差矩阵 $\boldsymbol{R}$；

Step 2：将协方差矩阵 $\boldsymbol{R}$ 的第 1 行矢量 $\boldsymbol{V}$ 根据式(4-6)构造为新的 Toeplitz 矩阵 $\boldsymbol{R}_{\mathrm{T}}$；

Step 3：利用常规的子空间算法对所构造的 Toeplitz 矩阵 $\boldsymbol{R}_{\mathrm{T}}$ 实现非相干信源的角度估计；

Step 4：根据式(4-9)剔除非相干信源，得到相干信源的协方差矩阵 $\boldsymbol{R}_{\mathrm{c}}$；

Step 5：利用 m-Capon 算法对相干信源角度估计，根据式(4-15)估计出目标的波达方向 $\hat{\theta}_p$；

Step 6：根据式(4-17)估计出目标的波达方向 $\hat{\varphi}_p$。

4.4 CVTR-OP 算法性能分析

4.4.1 算法 CRB 分析

克拉美-罗界(CRB)表示角度无偏估计算法可以实现的下界，通常用来评价角度估计算法的性能。根据文献[147]，目标角度估计在噪声情况下的 CRB 表达式为

$$\mathrm{CRB}_{\mathrm{det}\theta\theta}=\frac{1}{2N}\left\{\mathrm{Re}(\tilde{\boldsymbol{D}}^{\mathrm{H}}\boldsymbol{P}_{\tilde{\boldsymbol{A}}}^{\perp}\tilde{\boldsymbol{D}})\odot\tilde{\boldsymbol{P}}^{\mathrm{T}}\right\}^{-1} \tag{4-18}$$

式中，L 是脉冲数，$\boldsymbol{Q}$ 是噪声协方差阵，$\tilde{\boldsymbol{A}}=\boldsymbol{Q}^{-1/2}\boldsymbol{A}$，$\tilde{\boldsymbol{D}}=\boldsymbol{Q}^{-1/2}\boldsymbol{D}$，$\tilde{\boldsymbol{P}}=\frac{1}{L}\sum_{t=1}^{L}\boldsymbol{S}(t)\boldsymbol{S}(t)^{\mathrm{H}}$，$\boldsymbol{D}=\left[\frac{\mathrm{d}\boldsymbol{a}(\theta)}{\mathrm{d}\theta}\big|_{\theta=\theta_1},\frac{\mathrm{d}\boldsymbol{a}(\theta)}{\mathrm{d}\theta}\big|_{\theta=\theta_2},\cdots,\frac{\mathrm{d}\boldsymbol{a}(\theta)}{\mathrm{d}\theta}\big|_{\theta=\theta_N}\right]$，$\odot$为矩阵 Hadamard 积。

CVTR-OP 算法的 CRB 应分两种情况来分析，当估计独立信源的角度时算法的 CRB 为

$$\mathrm{CRB}_{\mathrm{det}\theta\theta}^{\mathrm{nc}}=\frac{1}{2L}\left\{\mathrm{Re}(\tilde{\boldsymbol{D}}^{\mathrm{H}}\boldsymbol{P}_{\tilde{\boldsymbol{A}}}^{\perp}\tilde{\boldsymbol{D}})\odot\tilde{\boldsymbol{P}}^{\mathrm{T}}\right\}^{-1} \tag{4-19}$$

式中，$\tilde{\boldsymbol{A}}=\boldsymbol{\varphi}^{-1/2}\boldsymbol{A}_{\mathrm{nc}}$，$\tilde{\boldsymbol{D}}=\boldsymbol{\varphi}^{-1/2}\boldsymbol{D}$，$\tilde{\boldsymbol{P}}=\boldsymbol{P}_{\mathrm{nc}}$，$\boldsymbol{D}=\left[\frac{\mathrm{d}\boldsymbol{a}(\theta)}{\mathrm{d}\theta}\big|_{\theta=\theta_{G+1}},\cdots,\frac{\mathrm{d}\boldsymbol{a}(\theta)}{\mathrm{d}\theta}\big|_{\theta=\theta_N}\right]$。

当估计相干信源的角度时算法的 CRB 为

$$\mathrm{CRB}_{\mathrm{det}\theta\theta}^{\mathrm{c}}=\frac{1}{2L}\left\{\mathrm{Re}(\tilde{\boldsymbol{D}}^{\mathrm{H}}\boldsymbol{P}_{\tilde{\boldsymbol{A}}}^{\perp}\tilde{\boldsymbol{D}})\odot\tilde{\boldsymbol{P}}^{\mathrm{T}}\right\}^{-1} \tag{4-20}$$

式中，$\widetilde{\boldsymbol{A}}=\sigma_1\boldsymbol{A}_c$，$\widetilde{\boldsymbol{D}}=\sigma_1\boldsymbol{D}$，$\widetilde{\boldsymbol{P}}=\boldsymbol{P}_c'$，$\boldsymbol{D}=\left[\frac{\mathrm{d}\boldsymbol{a}(\theta)}{\mathrm{d}\theta}\Big|_{\theta=\theta_1},\cdots,\frac{\mathrm{d}\boldsymbol{a}(\theta)}{\mathrm{d}\theta}\Big|_{\theta=\theta_G}\right]$。

4.4.2　信源过载能力

对于 M 个发射阵元、N 个接收阵元的 MIMO 雷达，虚拟阵元数 NM 个。若采用前向平滑算法(FSS)，最大可估计 $NM/2$ 个相干源，采用前后向平滑算法(FBSS)，最大可估计 $2NM/3$ 个相干源。给出的算法用两步角度估计，第一步利用经典子空间算法估计独立、相关信源的角度，最大可估计 $NM-2$ 个；第二步利用 CVTR 处理估计相干信源角度，最大可估计 $NM-1$ 个，因此最大可估计 $2NM-3$ 个信源角度。说明给出的算法不受虚拟阵元数大于信源个数的约束，信源的过载能力较强。

4.4.3　阵元节省能力

假设 P 个信源中独立源有 U 个，相干信源有 G 个。用 FSS 算法估计所有信源角度，需要的虚拟阵元数目为 $2G+U$；用 FBSS 算法的话需要的虚拟阵元数目为 $3/2G+U$。所提算法第一步估计非相干类信源，需 $U+2$ 个虚拟阵元，第二步估计相干信源，需 $G+1$ 个虚拟阵元，总得虚拟阵元数为 $\max[U+2,G+1]$。

表 4.1 为信源数不同时采用 FSS，FBSS 及所提算法估计角度所用 MIMO 雷达虚拟阵元数的比较。

表 4.1　信源数不同时各算法的虚拟阵元数

信源数/个		虚拟阵元数/个		
独立	相干	FSS	FBSS	CVTR-OP
3	2	7	6	5
3	5	13	11	6
4	3	10	9	6
5	4	13	11	7
7	6	19	16	9

4.5 计算机仿真结果

假设双基地 MIMO 雷达采用等间距的均匀线阵，发射阵元个数 $M=3$，接收阵元个数 $N=3$，则虚拟阵元个数 $I=9$。阵元间距 $d_t=d_r=\lambda/2$，非平稳白噪声协方差矩阵 $\boldsymbol{\varphi}=\sigma_n^2\text{diag}\{[\sigma_1^2/\sigma_n^2,\sigma_2^2/\sigma_n^2,\cdots,\sigma_M^2/\sigma_n^2]\}$，信噪比 $\text{S/N}=10\lg(\sigma_s^2/\sigma_n^2)$，$\sigma_s^2$ 是信号的功率取值，σ_n^2 是噪声的功率取值。

仿真 1：非平稳噪声时，不同算法对相干源的角度估计情况

假设空间有 3 个等功率的相干信源，其相对发射阵列的波达方向分别为 $-20°$，$-10°$，$10°$，相对接收阵列的波离方向分别为 $20°$，$-15°$，$10°$，噪声背景为非平稳白噪声，噪声协方差矩阵为 $\boldsymbol{\varphi}=\sigma_n^2\text{diag}(22,4,1,13,5,17,2,16,9)$，固定信噪比(Signal to Noise Ratio, SNR)为 0 dB，接收脉冲数为 200，如图 4.1(a)和图 4.1(b)所示为分别仿真了 50 次 Monte-Carlo 实验的 ESPRIT 算法和 CVTR-OP 算法对目标 DOD 和 DOA 联合估计的星座图，其中"+"表示目标的真实位置。

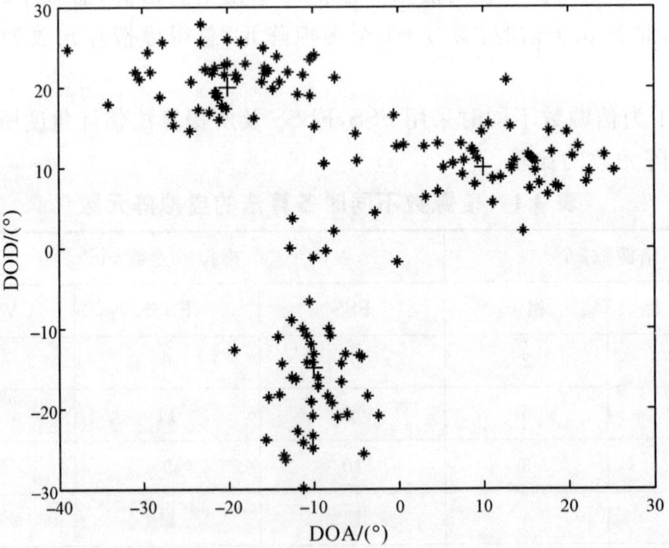

(a)

图 4.1　非平稳噪声下不同算法对相干源角度估计情况

(a) ESPRIT 算法估计效果

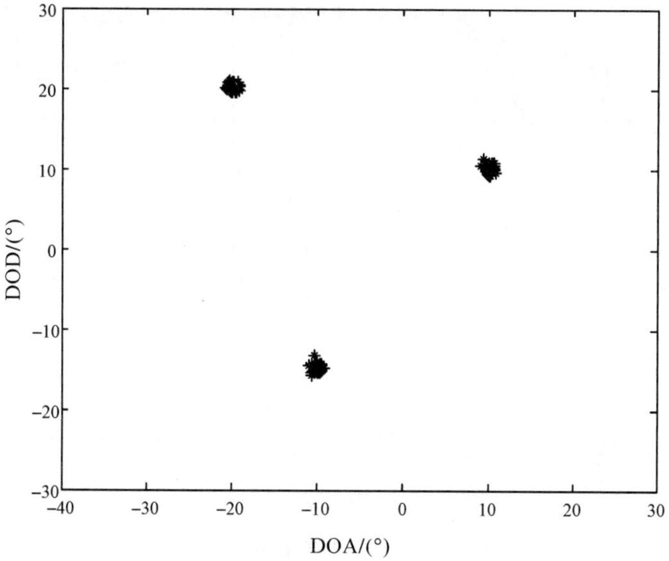

(b)

续图 4.1　非平稳噪声下不同算法对相干源角度估计情况
(b) CVTR-OP 算法估计效果

由图 4.1 的仿真结果可见:在非平稳噪声背景下用 ESPRIT 算法对相干信源角度估计时,已不能正确估计出目标的波达方向和波离方向,说明常规的子空间类算法不具备抑制非平稳噪声和对信源解相干的能力;而 CVTR-OP 算法可以在非平稳噪声背景下实现对相干信源发射角与接收角的准确估计,并且能实现两个角度参数的正确配对,这一仿真结果验证了算法的有效性。

仿真 2:信噪比变化时,两种算法角度估计统计性能的比较

假设空间有两个等功率的相干信源,其相对双基地 MIMO 雷达的收发角度分别是(−15°,20°)(−10°,10°),非平稳白噪声的协方差矩阵为 $\boldsymbol{\varphi}=\sigma_n^2\mathrm{diag}(2,4,1,5,10,7,2,13,9)$,接收脉冲数为 200,进行 50 次 Monte-Carlo 实验仿真 CVTR-OP 算法和改进多级维纳滤波器算法(MWF)[148] 的统计性能,图 4.2(a)和图 4.2(b)分别表示估计成功概率、估计均方根误差(RMSE)随信噪比的变化情况。

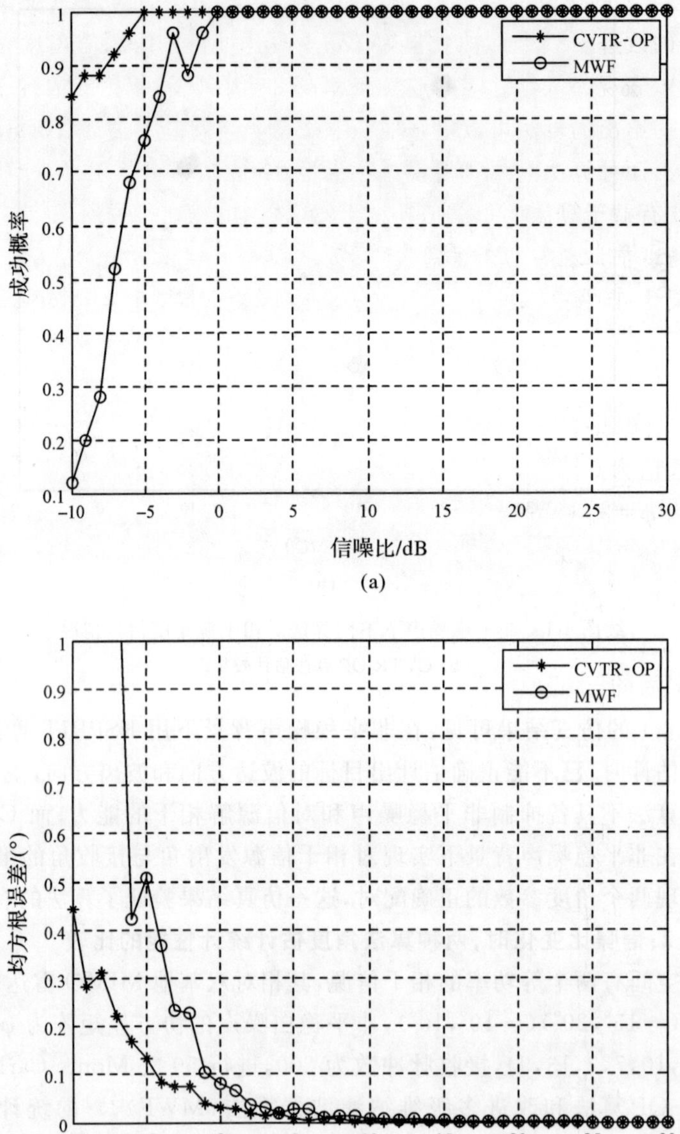

图 4.2 不同算法统计性能随 SNR 的变化情况

(a) 估计成功概率；(b) 估计均方根误差

由图 4.2 的仿真结果可见：在非平稳噪声背景下，CVTR-OP 算法比文献[148]中的改进多级维纳滤波器(MWF)算法对相干信源的角度估计性能要好，仿真中表现为统计性能的成功概率高并且在低信噪比的情况下均方根误差小，说明给出的算法可以更好地在非平稳噪声背景下估计目标角度；随着信噪比增大，两种算法的均方根误差逐渐减小，成功概率逐渐增大，也就是说大的信噪比有益于算法的角度估计结果，并且当信噪比达到到一定程度时，两种算法的角度估计性能趋于一致。

仿真 3：非平稳噪声下，本书算法对多个相干源的多参数联合估计

假设空间有 4 个等功率的相干信源，其相对发射阵列的波达方向分别为 $-20°$，$30°$，$-10°$，$-50°$，相对接收阵列的波离方向分别为 $20°$，$10°$，$-15°$，$-30°$，多普勒频率分别为 1 000 Hz，2 300 Hz，4 000 Hz，4 500 Hz 噪声背景为空域均值为 0 的非平稳白噪声，时域均值为 0 的平稳高斯白噪声，噪声协方差矩阵为 $\boldsymbol{\varphi}=\sigma_n^2\text{diag}(22,4,1,13,5,17,2,16,9)$，固定信噪比 SNR＝0 dB，接收脉冲数为 200，采用文献[143]中的方法估计目标运动产生的多普勒频率。如图 4.3 所示为仿真了 50 次 Monte-Carlo 实验时 CVTR-OP 算法对目标 DOD，DOA 和多普勒频率联合估计的情况，并给出了算法对 4 个目标多参数估计配对后的三维效果图。

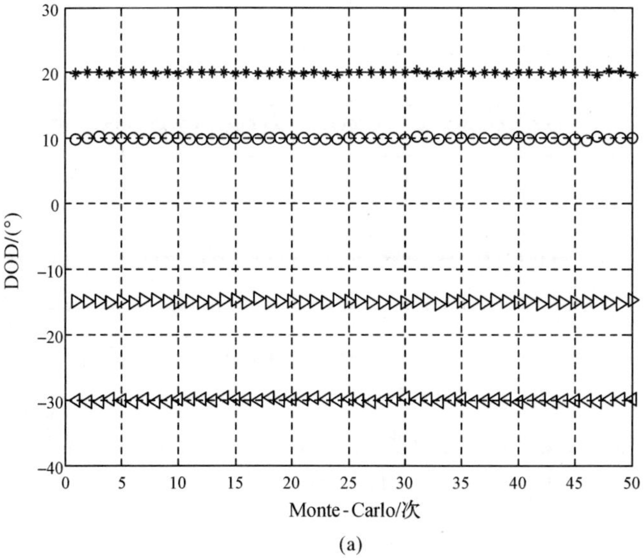

(a)

图 4.3　算法对多个相干源的多参数联合估计情况

(a) 目标 DODs 的估计

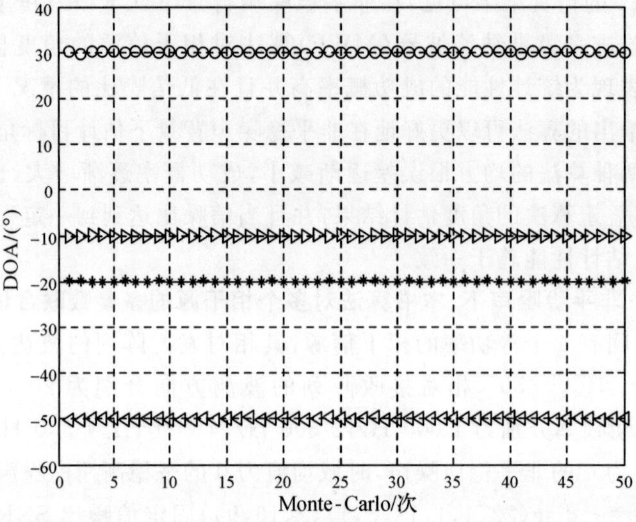

(b)

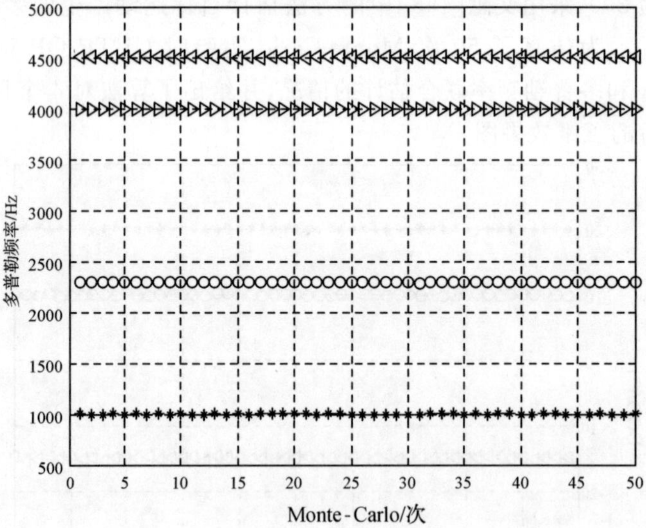

(c)

续图 4.3 算法对多个相干源的多参数联合估计情况

(b) 目标 DOAs 的估计；(c) 目标多普勒频率的估计

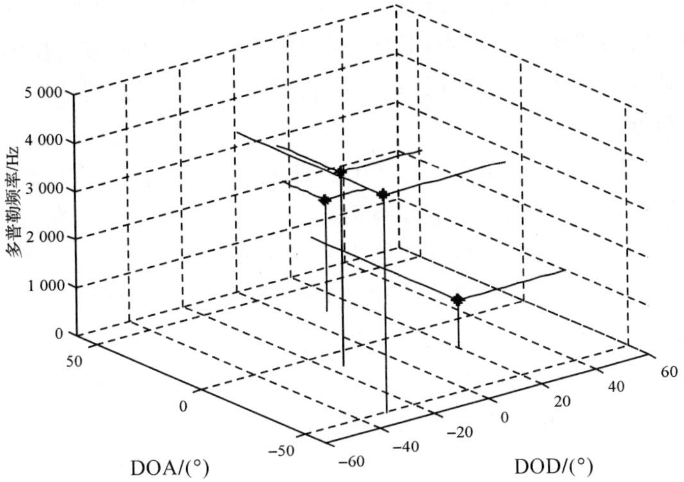

(d)

续图 4.3　算法对多个相干源的多参数联合估计情况

(d) 配对后的三维图

由图 4.3 的仿真结果可见：在非平稳噪声背景下，经过 50 次 Monte-Carlo 实验，CVTR-OP 算法均可以准确地估计出多个目标的波达方向、波离方向和多普勒频率，并且可以实现上述 3 个参数的正确配对，从而验证了 CVTR-OP 算法在非平稳噪声背景下对多个相干源的多参数联合估计的可行性和有效性。

4.6　本章小结

本章针对非平稳噪声背景下相干信源的双基地 MIMO 雷达角度估计问题开展研究，给出了一种基于斜投影算子和 Teoplitz 矩阵重构(CVTR-OP)的角度估计方法，所完成的主要工作和 CVTR-OP 算法的特点可以归纳如下：

(1)建立非平稳噪声背景下双基地 MIMO 雷达的回波信号模型，计算出回波信号经匹配滤波处理后的协方差矩阵，分析既有相干信源又有非相干信源时的协方差矩阵的特征，指出在非平稳噪声背景下采用基于高斯白噪声模型的常规谱估计算法会因为噪声不匹配导致估计性能损失。

(2)给出了一种基于斜投影算子和 Teoplitz 矩阵重构(CVTR-OP)的算

法。首先，通过对协方差矩阵进行 Toeplitz 重构使其恢复为满秩矩阵，同时将非平稳噪声转换成高斯白噪声；其次，利用斜投影算子在回波数据的协方差矩阵中排除独立和相关信源的分量；最后，利用经典子空间谱估计方法估计出相干信源的角度。

(3)通过理论分析证明 CVTR-OP 算法先采用 Toeplitz 重构解相干，没有阵列孔径损失；再采用 OP 算子分离信源，适用于各种阵列结构；并且分步处理时重复利用接收数据，信源过载能力和阵元节省能力强。

(4)通过计算机仿真验证在非平稳噪声背景下 CVTR-OP 算法比 MWF 算法的成功概率高并且在低信噪比的情况下均方根误差小，可以更好地在非平稳噪声背景下估计目标角度；CVTR-OP 算法可以准确估计出多个目标的波达方向、波离方向和多普勒频率，并且可实现参数的正确配对。

第5章　强干扰背景下弱信源MIMO雷达目标角度估计

5.1　引　言

在复杂电磁环境下，MIMO雷达面临的电子干扰手段可以分为欺骗性干扰和压制性干扰两种[149]。其中，压制性干扰是敌方干扰机发射大功率的干扰信号，使MIMO雷达的有用回波信号被干扰遮盖，或使其接收机、信号处理机过载[150]。当干扰机功率超出回波信号功率比较大时，例如干信比达到40 dB以上时，直接利用接收数据进行谱峰搜索，由于强干扰造成的伪峰会大于信源的谱峰，通常估计不出正确的角度。针对上述强干扰背景下弱信源的角度估计问题，当前主要有四种方法[151]：一是姚山峰、苏成晓等人提出的自适应波束形成类算法[152-155]，该算法通过分割子阵并对子阵输出进行加权形成波束的零陷抑制干扰[156-157]，但对近间距信源效果较差；二是JIAN L.，STOICA P.等人提出的松弛(RELAX)算法，该算法通过对信号分离并反复迭代来抑制干扰，但运算量大、复杂度高；三是陈辉、苏成晓等人提出的干扰阻塞算法[158-160](Jamming Jam Method，JJM)，该算法通过构造干扰阻塞矩阵对接收数据预处理来抑制干扰，但需要对干扰方向精确预知；四是张静、屈金佑等人提出的噪声子空间扩充算法[161-163]，该算法通过构造出干扰和噪声的扩展噪声子空间进而用常规算法进行DOA估计，但数据维度高且强干扰下性能不好。

上述四种主要方法中，干扰阻塞算法因为其低复杂度和高可靠性的优点，已成为在强干扰条件下对弱信源进行角度估计的最重要的算法。其核心思想是充分利用强干扰的角度先验信息构造出干扰阻塞矩阵对阵列接收数据的协方差矩阵进行降秩处理来剔除强干扰。但是，利用JJM算法时要求强干扰的数量和角度是精确已知的，这在复杂电磁环境下采用MIMO雷达作为侦查传感器的实际应用中通常是难以实现的。因此，本章给出基于保向正交性的改进干扰阻塞角度估计算法(Direction Orthogonal Jamming Jam Method，DO-JJM)。首先，围绕信源功率，定义了保向正交性和特征波束的概念，从理论上严格推导了两个信源的保向正交性条件，在此基础上分析讨论了更为普遍的多个信源的保向正交性条件，并利用这一理论估计出强干扰的角度，然后再利用干扰阻塞算法估计出信源的角度，该算法无须知道干扰的角度和数量的先验信息，并且在强干扰条件下比现有算法有着更高的角度估计性能，更适合信源信噪比较低和角度间隔较小的情况。

5.2 信源保向正交性基本原理

5.2.1 保向正交性定义

若某信源的特征矢量符合以下两个条件[177]：

(1)在该信源对应的导向矢量上投影最大；

(2)与其他信源对应的导向矢量正交。

则称该信源满足保向正交条件，即信源角度信息只与其对应的特征矢量有关，且不受其他信源影响。

5.2.2 特征波束定义

用虚拟阵元数为 I 的单基地 MIMO 雷达估计 P 个远场窄带信源时，导向矢量 $\boldsymbol{a}_i\,(i=1,2,\cdots,P)$ 的投影是 $\boldsymbol{a}_i\boldsymbol{a}_i^{\mathrm{H}}/I$，则信源特征矢量 $\boldsymbol{e}_j\,(j=1,2,\cdots,P)$ 到 $\boldsymbol{a}_i$ 的投影满足

$$\left|\frac{\boldsymbol{a}_i\boldsymbol{a}_i^{\mathrm{H}}}{I}\boldsymbol{e}_j\right|^2=\boldsymbol{e}_j^{\mathrm{H}}\frac{\boldsymbol{a}_i\boldsymbol{a}_i^{\mathrm{H}}}{I}\frac{\boldsymbol{a}_i\boldsymbol{a}_i^{\mathrm{H}}}{I}\boldsymbol{e}_j=\frac{|\boldsymbol{a}_i^{\mathrm{H}}\boldsymbol{e}_j|^2}{I} \tag{5-1}$$

$|\boldsymbol{a}_i^{\mathrm{H}}\boldsymbol{e}_j|^2$ 可以表示 $\boldsymbol{e}_j$ 到 $\boldsymbol{a}_i$ 的投影值。若定义特征波束为 $|\boldsymbol{a}^{\mathrm{H}}\boldsymbol{e}_j|^2$，则其表示 $\boldsymbol{e}_j$ 在雷达阵列上的投影值。

5.2.3 三个基本性质

性质 1　信源的特征矢量 $\boldsymbol{e}_j,j=1,2,\cdots,P$ 符合下述条件：

$$\sum_{j=1}^{P}|\boldsymbol{a}_i^{\mathrm{H}}\boldsymbol{e}_j|^2=I,i=1,2\cdots,P \tag{5-2}$$

证明：用 $\boldsymbol{E}_{\mathrm{S}}=[\boldsymbol{e}_1\quad\boldsymbol{e}_2\quad\cdots\quad\boldsymbol{e}_P]$ 表示信号子空间，则

$$\boldsymbol{E}_{\mathrm{S}}\boldsymbol{E}_{\mathrm{S}}^{\mathrm{H}}=\boldsymbol{A}(\boldsymbol{A}^{\mathrm{H}}\boldsymbol{A})^{-1}\boldsymbol{A}^{\mathrm{H}} \tag{5-3}$$

对公式(5-3)进行变换，可以得到

$$\boldsymbol{A}^{\mathrm{H}}\boldsymbol{E}_{\mathrm{S}}\boldsymbol{E}_{\mathrm{S}}^{\mathrm{H}}\boldsymbol{A}=\boldsymbol{A}^{\mathrm{H}}\boldsymbol{A}(\boldsymbol{A}^{\mathrm{H}}\boldsymbol{A})^{-1}\boldsymbol{A}^{\mathrm{H}}\boldsymbol{A}=\boldsymbol{A}^{\mathrm{H}}\boldsymbol{A} \tag{5-4}$$

因为

$$\boldsymbol{A}^{\mathrm{H}}\boldsymbol{E}_{\mathrm{S}}\boldsymbol{E}_{\mathrm{S}}^{\mathrm{H}}\boldsymbol{A}=\begin{bmatrix}\boldsymbol{a}_1^{\mathrm{H}}\\ \boldsymbol{a}_2^{\mathrm{H}}\\ \vdots\\ \boldsymbol{a}_P^{\mathrm{H}}\end{bmatrix}\boldsymbol{E}_{\mathrm{S}}\boldsymbol{E}_{\mathrm{S}}^{\mathrm{H}}[\boldsymbol{a}_1\quad \boldsymbol{a}_2\quad \cdots\quad \boldsymbol{a}_P]=$$

$$\begin{bmatrix}\boldsymbol{a}_1^{\mathrm{H}}\boldsymbol{E}_{\mathrm{S}}\boldsymbol{E}_{\mathrm{S}}^{\mathrm{H}}\boldsymbol{a}_1 & \boldsymbol{a}_1^{\mathrm{H}}\boldsymbol{E}_{\mathrm{S}}\boldsymbol{E}_{\mathrm{S}}^{\mathrm{H}}\boldsymbol{a}_2 & \cdots & \boldsymbol{a}_1^{\mathrm{H}}\boldsymbol{E}_{\mathrm{S}}\boldsymbol{E}_{\mathrm{S}}^{\mathrm{H}}\boldsymbol{a}_P\\ \boldsymbol{a}_2^{\mathrm{H}}\boldsymbol{E}_{\mathrm{S}}\boldsymbol{E}_{\mathrm{S}}^{\mathrm{H}}\boldsymbol{a}_1 & \boldsymbol{a}_2^{\mathrm{H}}\boldsymbol{E}_{\mathrm{S}}\boldsymbol{E}_{\mathrm{S}}^{\mathrm{H}}\boldsymbol{a}_2 & \cdots & \boldsymbol{a}_2^{\mathrm{H}}\boldsymbol{E}_{\mathrm{S}}\boldsymbol{E}_{\mathrm{S}}^{\mathrm{H}}\boldsymbol{a}_P\\ \vdots & \vdots & & \vdots\\ \boldsymbol{a}_P^{\mathrm{H}}\boldsymbol{E}^{\mathrm{S}}\boldsymbol{E}_{\mathrm{S}}^{\mathrm{H}}\boldsymbol{a}_1 & \boldsymbol{a}_P^{\mathrm{H}}\boldsymbol{E}_{\mathrm{S}}\boldsymbol{E}_{\mathrm{S}}^{\mathrm{H}}\boldsymbol{a}_2 & \cdots & \boldsymbol{a}_P^{\mathrm{H}}\boldsymbol{E}_{\mathrm{S}}\boldsymbol{E}_{\mathrm{S}}^{\mathrm{H}}\boldsymbol{a}_P\end{bmatrix}$$

又因为

$$\boldsymbol{A}^{\mathrm{H}}\boldsymbol{A}=\begin{bmatrix}I & \boldsymbol{a}_1^{\mathrm{H}}\boldsymbol{a}_2 & \cdots & \boldsymbol{a}_1^{\mathrm{H}}\boldsymbol{a}_P\\ \boldsymbol{a}_2^{\mathrm{H}}\boldsymbol{a}_1 & I & \cdots & \boldsymbol{a}_2^{\mathrm{H}}\boldsymbol{a}_P\\ \vdots & \vdots & & \vdots\\ \boldsymbol{a}_P^{\mathrm{H}}\boldsymbol{a}_1 & \boldsymbol{a}_1^{\mathrm{H}}\boldsymbol{a}_2 & \cdots & I\end{bmatrix}$$

所以

$$\boldsymbol{a}_i^{\mathrm{H}}\boldsymbol{E}_{\mathrm{S}}\boldsymbol{E}_{\mathrm{S}}^{\mathrm{H}}\boldsymbol{a}_i=I,i=1,2,\cdots,P \tag{5-5}$$

式(5－5)等价于

$$\sum_{j=1}^{P}|\boldsymbol{a}_i^{\mathrm{H}}\boldsymbol{e}_j|^2=I,i=1,2\cdots,P \tag{5-6}$$

性质 2　若有两个信源，则接收数据的协方差矩阵的两个大特征值及其特征矢量满足[177]

$$\left.\begin{aligned}\lambda_1&=\frac{I(\sigma_1^2+\sigma_2^2)+\sqrt{I^2\ (\sigma_1^2-\sigma_2^2)^2+4\ (v\sigma_1\sigma_2)^2}}{2}\\ \lambda_2&=\frac{I(\sigma_1^2+\sigma_2^2)-\sqrt{I^2\ (\sigma_1^2-\sigma_2^2)^2+4\ (v\sigma_1\sigma_2)^2}}{2}\end{aligned}\right\} \tag{5-7}$$

$$\left.\begin{aligned}|\boldsymbol{a}_1^{\mathrm{H}}\boldsymbol{e}_1|^2&=\frac{I}{2}+\frac{I^2(\sigma_1^2-\sigma_2^2)+2v^2\sigma_2^2}{2\sqrt{I^2\ (\sigma_1^2-\sigma_2^2)^2+4v^2\sigma_1^2\sigma_2^2}}\\ |\boldsymbol{a}_2^{\mathrm{H}}\boldsymbol{e}_2|^2&=\frac{I}{2}+\frac{I^2(\sigma_1^2-\sigma_2^2)-2v^2\sigma_1^2}{2\sqrt{I^2\ (\sigma_1^2-\sigma_2^2)^2+4v^2\sigma_1^2\sigma_2^2}}\end{aligned}\right\} \tag{5-8}$$

式中，$v=\mathrm{abs}(\boldsymbol{a}_1^{\mathrm{H}}\boldsymbol{a}_2)$。

证明：当为两个信源时，接收信号应满足：

$$\sigma_1^2\boldsymbol{a}_1\boldsymbol{a}_1^{\mathrm{H}}+\sigma_2^2\boldsymbol{a}_2\boldsymbol{a}_2^{\mathrm{H}}=\lambda_1\boldsymbol{e}_1\boldsymbol{e}_1^{\mathrm{H}}+\lambda_2\boldsymbol{e}_2\boldsymbol{e}_2^{\mathrm{H}} \tag{5-9}$$

式(5-9)的右边乘以 $\boldsymbol{a}_i$,左边乘以 $\boldsymbol{a}_i^{\mathrm{H}}$ 可得:

$$\sigma_1^2|\boldsymbol{a}_i^{\mathrm{H}}\boldsymbol{a}_1|^2+\sigma_2^2|\boldsymbol{a}_i^{\mathrm{H}}\boldsymbol{a}_2|^2=\lambda_1|\boldsymbol{a}_i^{\mathrm{H}}\boldsymbol{e}_1|^2+\lambda_2|\boldsymbol{a}_i^{\mathrm{H}}\boldsymbol{e}_2|^2,i=1,2 \tag{5-10}$$

式(5-10)可以改写为

$$\boldsymbol{B\lambda}=\boldsymbol{v} \tag{5-11}$$

式中

$$\boldsymbol{B}=\begin{bmatrix}|\boldsymbol{a}_1^{\mathrm{H}}\boldsymbol{e}_1|^2 & |\boldsymbol{a}_1^{\mathrm{H}}\boldsymbol{e}_2|^2\\|\boldsymbol{a}_2^{\mathrm{H}}\boldsymbol{e}_1|^2 & |\boldsymbol{a}_2^{\mathrm{H}}\boldsymbol{e}_2|^2\end{bmatrix},\quad \boldsymbol{\lambda}=\begin{bmatrix}\lambda_1\\\lambda_2\end{bmatrix},\quad \boldsymbol{v}=\begin{bmatrix}(I\sigma_1)^2+\sigma_2^2v^2\\(I\sigma_2)^2+\sigma_1^2v^2\end{bmatrix}$$

同理,式(5-9)的右边乘以 $\boldsymbol{e}_i$,左边乘以 $\boldsymbol{e}_i^{\mathrm{H}}$ 可得:

$$\boldsymbol{B}^{\mathrm{T}}\boldsymbol{p}=\boldsymbol{\lambda} \tag{5-12}$$

式中

$$\boldsymbol{p}=\begin{bmatrix}\sigma_1^2\\\sigma_2^2\end{bmatrix}$$

根据式(5-11),可得

$$\boldsymbol{\lambda}^{\mathrm{T}}\boldsymbol{B}^{\mathrm{T}}\boldsymbol{p}=\boldsymbol{v}^{\mathrm{T}}\boldsymbol{p} \tag{5-13}$$

结合式(5-12)和式(5-13),可得

$$\boldsymbol{\lambda}^{\mathrm{T}}\boldsymbol{\lambda}=\boldsymbol{v}^{\mathrm{T}}\boldsymbol{p}$$

即

$$\lambda_1^2+\lambda_2^2=\boldsymbol{v}^{\mathrm{T}}\boldsymbol{p} \tag{5-14}$$

$$\lambda_1+\lambda_2=I(\sigma_1^2+\sigma_2^2) \tag{5-15}$$

联立式(5-14)和式(5-15),可求解出

$$\left.\begin{aligned}\lambda_1&=\frac{I(\sigma_1^2+\sigma_2^2)+\sqrt{I^2(\sigma_1^2-\sigma_2^2)^2+4(v\sigma_1\sigma_2)^2}}{2}\\\lambda_2&=\frac{I(\sigma_1^2+\sigma_2^2)-\sqrt{I^2(\sigma_1^2-\sigma_2^2)^2+4(v\sigma_1\sigma_2)^2}}{2}\end{aligned}\right\} \tag{5-16}$$

由式(5-12)可知

$$\left.\begin{aligned}|\boldsymbol{a}_1^{\mathrm{H}}\boldsymbol{e}_1|^2&=\frac{I^2\sigma_1^2+v^2\sigma_2^2-I\lambda_2}{\lambda_1-\lambda_2}\\|\boldsymbol{a}_2^{\mathrm{H}}\boldsymbol{e}_2|^2&=\frac{I\lambda_1-I^2\sigma_2^2-v^2\sigma_1^2}{\lambda_1-\lambda_2}\end{aligned}\right\} \tag{5-17}$$

联立式(5-16)和式(5-17),可求解出

$$\left.\begin{aligned}|\boldsymbol{a}_1^{\mathrm{H}}\boldsymbol{e}_1|^2&=\frac{I}{2}+\frac{I^2(\sigma_1^2-\sigma_2^2)+2v^2\sigma_2^2}{2\sqrt{I^2(\sigma_1^2-\sigma_2^2)^2+4v^2\sigma_1^2\sigma_2^2}}\\|\boldsymbol{a}_2^{\mathrm{H}}\boldsymbol{e}_2|^2&=\frac{I}{2}+\frac{I^2(\sigma_1^2-\sigma_2^2)-2v^2\sigma_1^2}{2\sqrt{I^2(\sigma_1^2-\sigma_2^2)^2+4v^2\sigma_1^2\sigma_2^2}}\end{aligned}\right\} \tag{5-18}$$

性质 3　若特征值的重数不大于一，则其所对应的特征向量唯一。

5.3　一个强信源和一个弱信源的情况

5.3.1　强弱信源功率相差不大

根据式(5-7)和式(5-8)，当空间两个信源一个为强的干扰源，一个为弱的目标源时，若满足 $v=0$，可得[177]

$$\lambda_1 = I\sigma_1^2, \lambda_2 = I\sigma_2^2 \tag{5-19}$$

两个信源的功率是不相等的，即

$$\sigma_1^2 \neq \sigma_2^2 \tag{5-20}$$

结合式(5-19)和式(5-20)，有

$$|\boldsymbol{a}_1^{\mathrm{H}}\boldsymbol{e}_1|^2 = I,\ |\boldsymbol{a}_2^{\mathrm{H}}\boldsymbol{e}_2|^2 = I \tag{5-21}$$

再根据式(5-1)，有

$$|\boldsymbol{a}_1^{\mathrm{H}}\boldsymbol{e}_2|^2 = 0,\ |\boldsymbol{a}_2^{\mathrm{H}}\boldsymbol{e}_1|^2 = 0 \tag{5-22}$$

式(5-22)说明，两个不同功率的信源当其导向矢量正交时，其对应的特征矢量满足保向正交条件。

以上推导假设了 $v=0$，这个条件只有个别角度满足。然而，当干扰和目标功率不同时，根据式(5-7)和式(5-8)有

$$\left.\begin{aligned}\lambda_1 &= I\sigma_1^2 + \frac{\sigma_2^2\left(I(x-1)+\sqrt{I^2(1-x)^2+4v^2x}\right)}{2x}\\ \lambda_2 &= I\sigma_2^2 - \frac{\sigma_2^2\left(I(x-1)+\sqrt{I^2(1-x)^2+4v^2x}\right)}{2x}\end{aligned}\right\} \tag{5-23}$$

$$\left.\begin{aligned}|\boldsymbol{a}_1^{\mathrm{H}}\boldsymbol{e}_1|^2 &= \frac{I}{2} + \frac{I^2(1-x)+2v^2x}{2\sqrt{I^2(1-x)^2+4v^2x}}\\ |\boldsymbol{a}_2^{\mathrm{H}}\boldsymbol{e}_2|^2 &= \frac{I}{2} + \frac{I^2(1-x)-2v^2}{2\sqrt{I^2(1-x)^2+4v^2x}}\end{aligned}\right\} \tag{5-24}$$

式中，$x=\sigma_2^2/\sigma_1^2$。

当干扰源和目标源功率相等时，有 $x=1$，则

$$\left.\begin{aligned}&\lambda_1 = I\sigma^2 + v\sigma^2,\ \lambda_2 = I\sigma^2 - v\sigma^2\\ &|\boldsymbol{a}_1^{\mathrm{H}}\boldsymbol{e}_1|^2 = \frac{I}{2}+\frac{v}{2},\ |\boldsymbol{a}_2^{\mathrm{H}}\boldsymbol{e}_2|^2 = \frac{I}{2}-\frac{v}{2}\end{aligned}\right\} \tag{5-25}$$

根据式(5-2)可得

$$|\boldsymbol{a}_1^{\mathrm{H}}\boldsymbol{e}_2|^2=\frac{I}{2}-\frac{v}{2},|\boldsymbol{a}_2^{\mathrm{H}}\boldsymbol{e}_1|^2=\frac{I}{2}+\frac{v}{2} \tag{5-26}$$

这说明当强弱信源功率相差不大或相等时，其特征矢量不满足保向正交条件。

5.3.2 强弱信源功率相差极大

若 $x\to 0$，即干扰源和目标源的功率相差极大时，有

$$\lim_{x\to 0}\lambda_1=I\sigma_1^2+\frac{v^2\sigma_2^2}{I},\lim_{x\to 0}\lambda_2=I\sigma_2^2-\frac{v^2\sigma_2^2}{I} \tag{5-27}$$

$$\lim_{x\to 0}|\boldsymbol{a}_1^{\mathrm{H}}\boldsymbol{e}_1|^2=I,\lim_{x\to 0}|\boldsymbol{a}_2^{\mathrm{H}}\boldsymbol{e}_2|^2=I-\frac{v^2}{I} \tag{5-28}$$

结合式(5-2)和式(5-28)，可得

$$\lim_{x\to 0}|\boldsymbol{a}_1^{\mathrm{H}}\boldsymbol{e}_2|^2=0,\lim_{x\to 0}|\boldsymbol{a}_2^{\mathrm{H}}\boldsymbol{e}_1|^2=\frac{v^2}{I} \tag{5-29}$$

由式(5-28)(5-29)可知，若 $x\to 0$，即干扰源和目标源的功率相差极大时，特征矢量 $\boldsymbol{e}_2$ 正交于导向矢量 $\boldsymbol{a}_1$ 但不满足保向条件，而特征矢量 $\boldsymbol{e}_1$ 满足保向条件但不正交于导向矢量 $\boldsymbol{a}_2$。

在信噪比较高时，分解回波协方差矩阵可得[177]

$$\left.\begin{aligned}\boldsymbol{a}_1\boldsymbol{a}_1^{\mathrm{H}}\boldsymbol{e}_1+x\boldsymbol{a}_2\boldsymbol{a}_2^{\mathrm{H}}\boldsymbol{e}_1&=\left(I+\frac{v^2x}{I}\right)\boldsymbol{e}_1\\ \boldsymbol{a}_1\boldsymbol{a}_1^{\mathrm{H}}\boldsymbol{e}_2+x\boldsymbol{a}_2\boldsymbol{a}_2^{\mathrm{H}}\boldsymbol{e}_2&=\left(I-\frac{v^2}{I}\right)x\boldsymbol{e}_2\end{aligned}\right\} \tag{5-30}$$

当干扰源和目标源的功率相差极大时，则

$$\boldsymbol{a}_1\boldsymbol{a}_1^{\mathrm{H}}\boldsymbol{e}_1=I\boldsymbol{e}_1 \tag{5-31}$$

$$\boldsymbol{a}_1\boldsymbol{a}_1^{\mathrm{H}}\boldsymbol{e}_2=0 \tag{5-32}$$

根据式(5-31)和式(5-32)，有

$$\boldsymbol{e}_1=\frac{\boldsymbol{a}_1}{\sqrt{I}},\boldsymbol{e}_2=\left(\boldsymbol{I}-\frac{\boldsymbol{a}_1\boldsymbol{a}_1^{\mathrm{H}}}{I}\right)\boldsymbol{\xi} \tag{5-33}$$

式中，$\boldsymbol{\xi}$ 是任意可使特征矢量 $\boldsymbol{e}_2$ 规范化的向量。

结合式(5-33)，有

$$\boldsymbol{e}_1=\frac{\boldsymbol{a}_1}{\sqrt{I}},\boldsymbol{e}_2=\frac{\left(\boldsymbol{I}-\dfrac{\boldsymbol{a}_1\boldsymbol{a}_1^{\mathrm{H}}}{I}\right)}{\sqrt{\left(I-\dfrac{v^2}{I}\right)}}\boldsymbol{a}_2 \tag{5-34}$$

这说明，当干扰源和目标源的角度间隔比较大时，特征矢量 $\boldsymbol{e}_2$ 满足保向条件。

5.3.3　两个信源保向正交性条件

根据上面的推导可知，当干扰源和目标源的功率相差极大时，目标源满足保向条件，其所对应的特征矢量与干扰源所对应的导向矢量正交。并且，干扰源和目标源的功率相差越大，上述保向正交条件的符合性就越强。

5.4　多个强信源和一个弱信源的情况

5.4.1　强弱信源功率相差极大

考虑信噪比较高的情况，则回波协方差矩阵 $\boldsymbol{R}$ 为

$$\boldsymbol{R}=\sum_{i=1}^{P-1}\sigma_i^2\boldsymbol{a}_i\boldsymbol{a}_i^{\mathrm{H}}+\sigma_P^2\boldsymbol{a}_P\boldsymbol{a}_P^{\mathrm{H}}=\boldsymbol{R}_{P-1}+\sigma_P^2\boldsymbol{a}_P\boldsymbol{a}_P^{\mathrm{H}} \tag{5-35}$$

令 $\lambda_i',\lambda_i(i=1,2,\cdots,P-1)$ 分别表示协方差矩阵 $\boldsymbol{R}_{P-1},\boldsymbol{R}$ 的第 $P-1$ 个特征值和前 $P-1$ 个特征值，而 $\boldsymbol{e}_i'$ 和 $\boldsymbol{e}_i$ 分别表示 λ_i' 和 λ_i 所对应特征矢量，则

$$\lambda_i=\lambda_i'+\Delta\lambda_i \tag{5-36}$$

因为

$$\boldsymbol{R}\boldsymbol{e}_i=\lambda_i\boldsymbol{e}_i,i=1,2,\cdots,P-1 \tag{5-37}$$

$$\boldsymbol{R}_{P-1}\boldsymbol{e}_i'=\lambda_i'\boldsymbol{e}_i',i=1,2,\cdots,P-1 \tag{5-38}$$

根据式(5-35)～式(5-37)，可以求得

$$(\boldsymbol{R}_{P-1}+\sigma_P^2\boldsymbol{a}_P\boldsymbol{a}_P^{\mathrm{H}})\boldsymbol{e}_i=(\lambda_i'+\Delta\lambda_i)\boldsymbol{e}_i \tag{5-39}$$

由式(5-39)可得

$$\boldsymbol{e}_i'^{\mathrm{H}}\boldsymbol{R}_{P-1}\boldsymbol{e}_i+\boldsymbol{e}_i'^{\mathrm{H}}\sigma_P^2\boldsymbol{a}_P\boldsymbol{a}_P^{\mathrm{H}}\boldsymbol{e}_i=(\lambda_i'\boldsymbol{e}_i'^{\mathrm{H}}\boldsymbol{e}_i+\Delta\lambda_i\boldsymbol{e}_i'^{\mathrm{H}}\boldsymbol{e}_i) \tag{5-40}$$

由式(5-38)可得

$$\boldsymbol{e}_i'^{\mathrm{H}}\boldsymbol{R}_{P-1}\boldsymbol{e}_i=\lambda_i'\boldsymbol{e}_i'^{\mathrm{H}}\boldsymbol{e}_i \tag{5-41}$$

将式(5-41)代入式(5-40)，有

$$\Delta\lambda_i=\sigma_P^2\frac{\boldsymbol{e}_i'^{\mathrm{H}}\boldsymbol{a}_P\boldsymbol{a}_P^{\mathrm{H}}\boldsymbol{e}_i}{\boldsymbol{e}_i'^{\mathrm{H}}\boldsymbol{e}_i} \tag{5-42}$$

而

$$\sum_{i=1}^{P-1}\lambda_i'=I\sum_{i=1}^{P-1}\sigma_i^2 \tag{5-43}$$

$$\sum_{i=1}^{P}\lambda_i = I\sum_{i=1}^{P}\sigma_i^2 \tag{5-44}$$

联立式(5-36)和式(5-44),可得

$$\sum_{i=1}^{P-1}(\lambda'_i+\Delta\lambda_i)+\lambda_P = I\sum_{i=1}^{P}\sigma_i^2 \tag{5-45}$$

联立式(5-43)和式(5-45),可得

$$\lambda_P = I\sigma_P^2 - \sum_{i=1}^{P-1}\Delta\lambda_i \tag{5-46}$$

联立式(5-42)和式(5-46),可得

$$\lambda_P = I\sigma_P^2 - \sigma_P^2\sum_{i=1}^{P-1}\frac{\boldsymbol{e}'^{\mathrm{H}}_i\boldsymbol{a}_P\boldsymbol{a}_P^{\mathrm{H}}\boldsymbol{e}_i}{\boldsymbol{e}'^{\mathrm{H}}_i\boldsymbol{e}_i} \tag{5-47}$$

若满足条件 $\sigma_P^2/\sigma_{P-1}^2\to 0$,即第 P 个信源功率远小于前面 $P-1$ 个信源的功率,根据式(5-39)和式(5-42),可以求得

$$\left(\frac{\boldsymbol{R}_{P-1}}{\sigma_{P-1}^2}+\frac{\sigma_P^2}{\sigma_{P-1}^2}\boldsymbol{a}_P\boldsymbol{a}_P^{\mathrm{H}}\right)\boldsymbol{e}_i = \left(\frac{\lambda'_i}{\sigma_{P-1}^2}+\frac{\sigma_P^2}{\sigma_{P-1}^2}\frac{\boldsymbol{e}'^{\mathrm{H}}_i\boldsymbol{a}_P\boldsymbol{a}_P^{\mathrm{H}}\boldsymbol{e}_i}{\boldsymbol{e}'^{\mathrm{H}}_i\boldsymbol{e}_i}\right)\boldsymbol{e}_i \tag{5-48}$$

根据式(5-48)可得

$$\boldsymbol{R}_{N-1}\boldsymbol{e}_i = \lambda'_i\boldsymbol{e}_i \tag{5-49}$$

由此可知当 $\sigma_P^2/\sigma_{P-1}^2\to 0$ 时,有 $\boldsymbol{e}_i=\boldsymbol{e}'_i$。式(5-47)等价于

$$\lambda_P = I\sigma_P^2 - \sigma_P^2\sum_{i=1}^{P-1}\left|\boldsymbol{a}_P^{\mathrm{H}}\boldsymbol{e}_i\right|^2 \tag{5-50}$$

又因为

$$\sum_{i=1}^{P-1}\sigma_i^2\boldsymbol{a}_i\boldsymbol{a}_i^{\mathrm{H}}\boldsymbol{e}_P + \sigma_P^2\boldsymbol{a}_P\boldsymbol{a}_P^{\mathrm{H}}\boldsymbol{e}_P = \lambda_P\boldsymbol{e}_P \tag{5-51}$$

结合式(5-50)可以推导出

$$\left(\frac{\sum_{i=1}^{P-1}\sigma_i^2\boldsymbol{a}_i\boldsymbol{a}_i^{\mathrm{H}}}{\sigma_{P-1}^2}+\frac{\sigma_P^2}{\sigma_{P-1}^2}\boldsymbol{a}_P\boldsymbol{a}_P^{\mathrm{H}}\right)\boldsymbol{e}_P = \left(\frac{\lambda'_i}{\sigma_{P-1}^2}+\frac{\sigma_P^2}{\sigma_{P-1}^2}\frac{\boldsymbol{e}'^{\mathrm{H}}_i\boldsymbol{a}_P\boldsymbol{a}_P^{\mathrm{H}}\boldsymbol{e}_i}{\boldsymbol{e}'^{\mathrm{H}}_i\boldsymbol{e}_i}\right)\boldsymbol{e}_P \tag{5-52}$$

当 $\sigma_P^2/\sigma_{P-1}^2\to 0$ 时,可得

$$\sum_{i=1}^{P-1}\boldsymbol{\sigma}_i^2\boldsymbol{a}_i\boldsymbol{a}_i^{\mathrm{H}}\boldsymbol{e}_P = 0 \tag{5-53}$$

由式(5-53)可以推导出

$$\boldsymbol{e}_P = (\boldsymbol{I}-\boldsymbol{A}_{P-1}(\boldsymbol{A}_{P-1}^{\mathrm{H}}\boldsymbol{A}_{P-1})^{-1}\boldsymbol{A}_{P-1}^{\mathrm{H}})\boldsymbol{\xi} \tag{5-54}$$

式中,$\boldsymbol{A}_{P-1}=[\boldsymbol{a}_1\quad\boldsymbol{a}_2\quad\cdots\quad\boldsymbol{a}_{P-1}]$,$\boldsymbol{\xi}$ 是任意可使特征矢量规范化的向量。

将式(5-51)乘以 $\boldsymbol{e}_P^{\mathrm{H}}$ 再联立式(5-50),有

$$\sum_{i=1}^{P}\sigma_i^2\left|\boldsymbol{a}_i^{\mathrm{H}}\boldsymbol{e}_P\right|_i^2=I\sigma_P^2-\sigma_P^2\sum_{i=1}^{P-1}\left|\boldsymbol{a}_P^{\mathrm{H}}\boldsymbol{e}_i\right|^2 \tag{5-55}$$

进一步化简，可得

$$\sum_{i=1}^{P-1}\frac{\sigma_i^2}{\sigma_P^2}\left|\boldsymbol{a}_i^{\mathrm{H}}\boldsymbol{e}_P\right|_i^2+\left|\boldsymbol{a}_P^{\mathrm{H}}\boldsymbol{e}_P\right|_i^2=I-\sum_{i=1}^{P-1}\left|\boldsymbol{a}_P^{\mathrm{H}}\boldsymbol{e}_i\right|^2 \tag{5-56}$$

根据式(5-54)，有

$$\left|\boldsymbol{a}_i^{\mathrm{H}}\boldsymbol{e}_P\right|_i^2=0,i=1,2,\cdots,P-1 \tag{5-57}$$

而

$$\left|\boldsymbol{a}_P^{\mathrm{H}}\boldsymbol{e}_P\right|^2=I-\sum_{i=1}^{P-1}\left|\boldsymbol{a}_P^{\mathrm{H}}\boldsymbol{e}_i\right|^2 \tag{5-58}$$

若取

$$\boldsymbol{e}_P=\delta\left[\boldsymbol{I}-\boldsymbol{A}_{P-1}(\boldsymbol{A}_{P-1}^{\mathrm{H}}\boldsymbol{A}_{P-1})^{-1}\boldsymbol{A}_{P-1}^{\mathrm{H}}\right]\boldsymbol{a}_P \tag{5-59}$$

式中，δ 是可使 $\boldsymbol{e}_P$ 规范化的任意常量，有

$$\left|\boldsymbol{a}_P^{\mathrm{H}}\boldsymbol{e}_P\right|^2=\boldsymbol{a}_P^{\mathrm{H}}\boldsymbol{e}_P\boldsymbol{e}_P^{\mathrm{H}}\boldsymbol{a}_P=\left|\delta\right|^2\left|\boldsymbol{a}_P^{\mathrm{H}}\left[I-\boldsymbol{A}_{P-1}(\boldsymbol{A}_{P-1}^{\mathrm{H}}\boldsymbol{A}_{P-1})^{-1}\boldsymbol{A}_{P-1}^{\mathrm{H}}\right]\boldsymbol{a}_P\right|^2 \tag{5-60}$$

因为 $\boldsymbol{e}_i'=\boldsymbol{e}_i$，所以

$$\boldsymbol{A}_{P-1}(\boldsymbol{A}_{P-1}^{\mathrm{H}}\boldsymbol{A}_{P-1})^{-1}\boldsymbol{A}_{P-1}^{\mathrm{H}}=\boldsymbol{E}'^{\mathrm{H}}_{\mathrm{S}}\boldsymbol{E}'_{\mathrm{S}}=\boldsymbol{E}_{\mathrm{S}}^{\mathrm{H}}\boldsymbol{E}_{\mathrm{S}} \tag{5-61}$$

式中，$\boldsymbol{E}'_{\mathrm{S}}=[\boldsymbol{e}'_1\quad \boldsymbol{e}'_2\quad \cdots\quad \boldsymbol{e}'_{P-1}]$，$\boldsymbol{E}_{\mathrm{S}}=[\boldsymbol{e}_1\quad \boldsymbol{e}_2\quad \cdots\quad \boldsymbol{e}_{P-1}]$。

结合式(5-59)，可以推出

$$\boldsymbol{e}_P=\alpha(\boldsymbol{I}-\boldsymbol{E}_{\mathrm{S}}^{\mathrm{H}}\boldsymbol{E}_{\mathrm{S}})\boldsymbol{a}_P \tag{5-62}$$

将式(5-62)代入式(5-60)，可得

$$\left|\boldsymbol{a}_P^{\mathrm{H}}\boldsymbol{e}_P\right|_i^2=\left|\alpha\right|^2\left|\boldsymbol{a}_P^{\mathrm{H}}(\boldsymbol{I}-\boldsymbol{E}_{\mathrm{S}}^{\mathrm{H}}\boldsymbol{E}_{\mathrm{S}})\boldsymbol{a}_P\right|^2=\left|\alpha\right|^2\left(L-\sum_{i=1}^{P-1}\left|\boldsymbol{a}_P^{\mathrm{H}}\boldsymbol{e}_i\right|^2\right)^2 \tag{5-63}$$

根据式(5-63)可求出 $\alpha=\dfrac{1}{\sqrt{I-\sum_{i=1}^{P-1}\left|\boldsymbol{a}_P^{\mathrm{H}}\boldsymbol{e}_i\right|^2}}$，代入式(5-60)，可得

$$\boldsymbol{e}_P=\frac{\left[\boldsymbol{I}-\boldsymbol{A}_{P-1}(\boldsymbol{A}_{P-1}^{\mathrm{H}}\boldsymbol{A}_{P-1})^{-1}\boldsymbol{A}_{P-1}^{\mathrm{H}}\right]\boldsymbol{a}_P}{\sqrt{I-\sum_{i=1}^{P-1}\left|\boldsymbol{a}_P^{\mathrm{H}}\boldsymbol{e}_i\right|^2}} \tag{5-64}$$

式(5-64)满足式(5-58)的约束条件，这说明当强、弱信源的功率相差极大时，弱信源也就是目标源是满足保向正交特性条件的。

5.4.2 强弱信源功率相差不大

若$\lambda_1,\lambda_2,\cdots,\lambda_P$ 为矩阵 $\boldsymbol{R}$ 的特征值，则也应为下面的矩阵 $\boldsymbol{Q}$ 的特征值[177]：

$$\boldsymbol{Q}=\begin{bmatrix} I\sigma_1^2 & \boldsymbol{a}_1^{\mathrm{H}}\boldsymbol{a}_2\sigma_2^2 & \cdots & \boldsymbol{a}_1^{\mathrm{H}}\boldsymbol{a}_P\sigma_P^2 \\ \boldsymbol{a}_2^{\mathrm{H}}\boldsymbol{a}_1\sigma_1^2 & I\sigma_2^2 & \cdots & \boldsymbol{a}_2^{\mathrm{H}}\boldsymbol{a}_P\sigma_P^2 \\ \vdots & \vdots & & \vdots \\ \boldsymbol{a}_P^{\mathrm{H}}\boldsymbol{a}_1\sigma_1^2 & \boldsymbol{a}_P^{\mathrm{H}}\boldsymbol{a}_2\sigma_2^2 & \cdots & I\sigma_P^2 \end{bmatrix} \tag{5-65}$$

由盖尔圆定理可知，λ_1 应满足以下条件：

$$I\sigma_1^2-\sum_{i=2}^{P}\boldsymbol{a}_1^{\mathrm{H}}\boldsymbol{a}_i\sigma_i^2\leqslant\lambda_1\leqslant I\sigma_1^2+\sum_{i=2}^{P}\boldsymbol{a}_1^{\mathrm{H}}\boldsymbol{a}_i\sigma_i^2 \tag{5-66}$$

同理，λ_i 的大小应满足下面的两个公式之一：

$$I\sigma_i^2-\sum_{j=1,j\neq i}^{P}\boldsymbol{a}_i^{\mathrm{H}}\boldsymbol{a}_j\sigma_j^2\leqslant\lambda_i\leqslant I\sigma_i^2+\sum_{j=1,j\neq i}^{P}\boldsymbol{a}_i^{\mathrm{H}}\boldsymbol{a}_j\sigma_j^2,i=2,3,\cdots,P \tag{5-67}$$

$$\Big(I-\sum_{j=1,j\neq i}^{P}\boldsymbol{a}_i^{\mathrm{H}}\boldsymbol{a}_j\Big)\sigma_i^2\leqslant\lambda_i\leqslant\Big(I+\sum_{j=1,j\neq i}^{P}\boldsymbol{a}_i^{\mathrm{H}}\boldsymbol{a}_j\Big)\sigma_i^2,i=2,3,\cdots,I \tag{5-68}$$

式(5-65)描述了强干扰对应的特征值和功率的对应关系，根据它可以求出强干扰对应特征值的取值范围。

在复平面内，特征值λ_i 可表示为以$(I\sigma_i^2,0)$为圆心的一个圆的内部区域，因为λ_i 为实数，其取值可进一步限定于实轴上以 $I\sigma_i^2$ 为中心的一个对称区间，并且取值区间与除 s_i 的其他信源功率以及各信源间的角度间隔相关。

因为式子 $\sum_{i=2}^{P}\boldsymbol{a}_1^{\mathrm{H}}\boldsymbol{a}_i\sigma_i^2<\sum_{i=2}^{P}\boldsymbol{a}_i^{\mathrm{H}}\boldsymbol{a}_1\sigma_1^2$ 恒成立，所以 λ_1 的取值区间应为 $\sum_{i=2}^{P}\boldsymbol{a}_1^{\mathrm{H}}\boldsymbol{a}_i\sigma_i^2$。

上述说明，$I\sigma_i^2$ 是决定特征值λ_i 值域的主要因素，并且会受到信源功率和角度间隔的影响。

当同时符合下述条件时：

(1)$\sigma_1^2>\sigma_2^2>\cdots>\sigma_P^2$，即强、弱信源间的功率相差较大；

(2)$I\gg\boldsymbol{a}_i^{\mathrm{H}}\boldsymbol{a}_j,i,j=1,2,3,\cdots,P,i\neq j$，即强、弱信源间的角度间隔较大。根据第二个条件，可近似有

$$\lambda_i\approx I\sigma_i^2,i=1,2,\cdots,P \tag{5-69}$$

并且，满足上述两条件的取值差别越明显，式(5-69)的近似程度越高。

将去噪处理的回波协方差矩阵左乘 $\boldsymbol{e}_i^{\mathrm{H}}$，右乘 $\boldsymbol{e}_i$，可得

$$\sum_{i=1}^{P}\sigma_i^2\,|\boldsymbol{a}_i^{\mathrm{H}}\boldsymbol{e}_j|^2=\lambda_j,j=1,2,\cdots,P \tag{5-70}$$

将式(5-69)代入式(5-70)，有

$$\sum_{i=1}^{P}\sigma_i^2\,|\boldsymbol{a}_i^{\mathrm{H}}\boldsymbol{e}_j|^2\approx I\sigma_j^2,j=1,2,\cdots,P \tag{5-71}$$

当式(5-71)中的 $j=1$ 时，有 $\sum_{i=1}^{P}\sigma_i^2\,|\boldsymbol{a}_i^{\mathrm{H}}\boldsymbol{e}_1|^2\approx I\sigma_1^2$，这时 $|\boldsymbol{a}_1^{\mathrm{H}}\boldsymbol{e}_1|^2\approx I$，其余 $|\boldsymbol{a}_i^{\mathrm{H}}\boldsymbol{e}_1|^2$ 为小值；当 $j=2$ 时，有 $\sum_{i=1}^{P}\sigma_i^2\,|\boldsymbol{a}_i^{\mathrm{H}}\boldsymbol{e}_2|^2\approx I\sigma_2^2$，由于 $\sigma_1^2>\sigma_2^2$，$|\boldsymbol{a}_2^{\mathrm{H}}\boldsymbol{e}_2|^2\approx I$ 且 $|\boldsymbol{a}_1^{\mathrm{H}}\boldsymbol{e}_2|^2\approx 0$，其余 $|\boldsymbol{a}_i^{\mathrm{H}}\boldsymbol{e}_1|^2$ 为小值。同理，有结论 $|\boldsymbol{a}_i^{\mathrm{H}}\boldsymbol{e}_i|^2\approx I$ 和 $|\boldsymbol{a}_i^{\mathrm{H}}\boldsymbol{e}_j|^2\approx 0,j>i$。

5.4.3　多个信源保向正交性条件

根据上面的推导可知，当存在多个信源时，若其中的强、弱信源同时符合信号功率和角度间隔都相差较大的条件，就可认为其对应的特征矢量符合保向正交条件，此时，由干扰源对应的特征矢量就能求出每个干扰源的角度信息，这也正是角度估计算法的理论基础。

5.5　基于保向正交性的改进干扰阻塞角度估计算法

5.5.1　DO-JJM 算法原理

根据上面论述的信源保向正交性原理，可以估计出强干扰的角度，在此基础上本书给出基于保向正交性的改进干扰阻塞角度估计算法(DO-JJM)。

考虑图 1.3 所示发射阵元数为 M，接收阵元数 N 的单基地 MIMO 雷达，阵元间距 $d=\lambda/2$，P 个远场窄带信源的波达方向(DOA)和波离方向(DOD)均为 θ_p，回波信号经过匹配滤波后再根据式(2-6)进行左乘 $\boldsymbol{W}^{-1}\boldsymbol{F}^{\mathrm{H}}$ 的降维处理，可以写成

$$\boldsymbol{y}=\boldsymbol{A\beta}+\boldsymbol{n} \tag{5-72}$$

式中，$\boldsymbol{A}=[\boldsymbol{a}(\theta_1),\boldsymbol{a}(\theta_2),\cdots,\boldsymbol{a}(\theta_P)]$，$\boldsymbol{a}(\theta_p)=[1,\exp(-\mathrm{j}\pi\sin\theta_p),\cdots,\exp(-\mathrm{j}\pi(M+N-1)\sin\theta_p)]^{\mathrm{T}}$ 为第 p 个目标的方向矢量；$\boldsymbol{\beta}=[\beta_1,\beta_2,\cdots,\beta_P]^{\mathrm{T}}$ 为第 p 个目标的反射系数；$\boldsymbol{n}$ 表示$(M+N-1)$维的加性噪声向量。

假设 P 个信源中强干扰源的个数为 J，且假定其功率满足下式的约束：

$$\sigma_1^2 > \sigma_2^2 > \cdots > \sigma_J^2 \gg \sigma_{J+1}^2 > \cdots > \sigma_P^2 \tag{5-73}$$

根据上面的约束条件可推导出

$$\sigma_1 > \sigma_2 > \cdots > \sigma_J \gg \sigma_{J+1} > \cdots > \sigma_P \tag{5-74}$$

根据子空间理论，对协方差矩阵 $\boldsymbol{R}$ 作特征值分解可以求出 P 个大的特征值 $\lambda_1, \lambda_2, \cdots, \lambda_J, \lambda_{J+1}, \cdots, \lambda_P$，并且 $\lambda_1 > \lambda_2 > \cdots > \lambda_J \gg \lambda_{J+1} > \cdots > \lambda_P$。

当干扰源个数未知时，可由邻近特征值的比值的情况来确定，即根据符合下式条件的 i 的取值求出干扰源个数：

$$\frac{\lambda_i}{\lambda_{i+1}} \gg \frac{\lambda_{i+1}}{\lambda_{i+2}},\ i = 1, 2, \cdots, J-2 \tag{5-75}$$

利用式(5-75)求得的 J 个特征值找出强干扰对应的特征矢量，记为 $\boldsymbol{e}_1, \boldsymbol{e}_2, \cdots, \boldsymbol{e}_J$。再根据保向正交性原理分别构造 J 个下式所示的空间谱：

$$\boldsymbol{P}(\theta) = \boldsymbol{a}^{\mathrm{H}}(\theta)\boldsymbol{e}_j,\ j = 1, 2, \cdots, J \tag{5-76}$$

通过对式(5-76)进行谱峰搜索可以精确估计出 J 个强干扰的角度 $\theta_1, \theta_2, \cdots, \theta_J$。

对于降维处理后得到的单基地 MIMO 雷达虚拟线阵，令 $I = M + N - 1$，则第 p 个目标的方向矢量为 $\boldsymbol{a}(\theta_p) = [1, \exp(-\mathrm{j}\pi\sin\theta_p), \cdots, \exp(-\mathrm{j}\pi I\sin\theta_p)]^{\mathrm{T}}$，构造 $(I-1)\times I$ 维的阻塞矩阵 $\boldsymbol{T}^{\mathrm{H}}(\theta)$ 为

$$\boldsymbol{T}^{\mathrm{H}}(\theta) = \begin{bmatrix} 1 & -\mathrm{e}^{\mathrm{j}\pi\sin(\theta)} & 0 & \cdots & 0 \\ 0 & 1 & -\mathrm{e}^{\mathrm{j}\pi\sin(\theta)} & \cdots & 0 \\ \vdots & \vdots & \vdots & & \vdots \\ 0 & 0 & 0 & \cdots & -\mathrm{e}^{\mathrm{j}\pi\sin(\theta)} \end{bmatrix} \tag{5-77}$$

则可以推导出

$$\boldsymbol{T}^{\mathrm{H}}(\theta)\boldsymbol{A}(\theta) = \boldsymbol{T}^{\mathrm{H}}(\theta)[\boldsymbol{a}(\theta_1), \boldsymbol{a}(\theta_2), \cdots, \boldsymbol{a}(\theta_P)] = [\boldsymbol{b}(\theta_1), \boldsymbol{b}(\theta_2), \cdots, \boldsymbol{b}(\theta_P)] \tag{5-78}$$

式中，$\boldsymbol{b}(\theta_i) = \{1 - \mathrm{e}^{\mathrm{j}\pi[\sin(\theta)-\sin(\theta_i)]}\}\boldsymbol{a}(\theta_i), i = 1, 2, \cdots, P$。

当 $\theta = \theta_J$ 时，上式中 $\boldsymbol{b}(\theta_J) = 0$，可以简化记为

$$\boldsymbol{B}(\theta) = [\boldsymbol{b}(\theta_1), \boldsymbol{b}(\theta_2), \cdots, \boldsymbol{b}(\theta_{J-1}), \boldsymbol{b}(\theta_{J+1}), \cdots, \boldsymbol{b}(\theta_P)] \tag{5-79}$$

所以，用阻塞矩阵可以对 MIMO 雷达虚拟阵列接收数据进一步降维处理为

$$\begin{aligned} \boldsymbol{Y} = {} & \boldsymbol{T}^{\mathrm{H}}\boldsymbol{A}(\theta)\boldsymbol{\beta}(t) + \boldsymbol{T}^{\mathrm{H}}\boldsymbol{N}(t) = \\ & \boldsymbol{b}(\theta_1)\beta_1(t) + \boldsymbol{b}(\theta_2)\beta_2(t) + \cdots + \boldsymbol{b}(\theta_{J-1})\beta_{J-1}(t) + \boldsymbol{b}(\theta_{J+1})\beta_{J+1}(t) + \\ & \cdots + \boldsymbol{b}(\theta_P)\beta_P(t) + \boldsymbol{T}^{\mathrm{H}}\boldsymbol{N}(t) \end{aligned} \tag{5-80}$$

经过式(5 - 80)的降维处理后可以剔除 $\theta=\theta_J$ 的一个强干扰，若同时剔除 J 个强干扰则阻塞矩阵应构造为

$$\boldsymbol{T}^{\mathrm{H}}(\theta)=\prod_{j=1}^{J}\boldsymbol{T}_j \tag{5-81}$$

式中，$\boldsymbol{T}_j$ 为 $(M-j)\times(M-j+1)$ 维的矩阵。

则用式(5 - 81)进行降维处理后的接收数据协方差矩阵为

$$\boldsymbol{R}_Y=\boldsymbol{T}^{\mathrm{H}}\boldsymbol{R}\boldsymbol{T}=\boldsymbol{T}^{\mathrm{H}}\boldsymbol{R}_S\boldsymbol{T}+\sigma^2\boldsymbol{R}_{YN} \tag{5-82}$$

式(5 - 82)中 $\boldsymbol{R}_{YN}$ 使原白噪声有色化，因此需进行预白化处理，应对构造的阻塞矩阵 $\boldsymbol{T}^{\mathrm{H}}(\theta)$ 做如下的变换：

$$\boldsymbol{T}_{\mathrm{c}}=[\boldsymbol{T}^{\mathrm{H}}(\theta)\boldsymbol{T}(\theta)]^{-\frac{1}{2}}\boldsymbol{T}^{\mathrm{H}}(\theta) \tag{5-83}$$

可见，经过干扰阻塞处理后，接收数据的协方差阵只包含了信号子空间和噪声子空间，记噪声子空间为 $\boldsymbol{E}'_{\mathrm{N}}$，则 $\boldsymbol{E}'_{\mathrm{N}}$ 满足

$$\boldsymbol{E}'_{\mathrm{N}}\boldsymbol{E}'^{\mathrm{H}}_{\mathrm{N}}=I-\boldsymbol{E}'_{\mathrm{S}}\boldsymbol{E}'^{\mathrm{H}}_{\mathrm{S}} \tag{5-84}$$

根据多重信号分类算法(MUSIC)可以求解出信源的 DOA 为

$$\hat{\theta}=\arg\min_{\theta}\{\boldsymbol{a}^{\mathrm{H}}(\theta)\boldsymbol{E}'_{\mathrm{N}}\boldsymbol{E}'^{H}_{\mathrm{N}}\boldsymbol{a}^{\mathrm{H}}(\theta)\}=\arg\min_{\theta}\{\boldsymbol{a}^{\mathrm{H}}(\theta)(\boldsymbol{I}-\boldsymbol{E}'_{\mathrm{S}}\boldsymbol{E}'^{\mathrm{H}}_{\mathrm{S}})\boldsymbol{a}^{\mathrm{H}}(\theta)\} \tag{5-85}$$

5.5.2　DO-JJM 算法步骤

根据上述分析，可以将强干扰条件下基于保向正交性的改进干扰阻塞角度估计算法的运算步骤归纳如下：

Step 1：根据式(2 - 1)得到单个脉冲回波信号经过匹配滤波处理后的数据；

Step 2：根据式(2 - 6)对匹配滤波后的回波数据矩阵进行左乘 $\boldsymbol{W}^{-1}\boldsymbol{F}^{\mathrm{H}}$ 的降维处理，得到式(5 - 72)；

Step 3：根据降维后的虚拟阵列接收数据估计出单基地 MIMO 雷达的回波数据协方差矩阵 $\boldsymbol{R}$；

Step 4：对回波数据协方差矩阵 $\boldsymbol{R}$ 进行特征分解或奇异值分解，根据公式(5 - 75)确定强干扰信源的个数 J；

Step 5：根据强干扰信源的个数 J 确定其对应的特征矢量 $\boldsymbol{e}_1,\boldsymbol{e}_2,\cdots,\boldsymbol{e}_J$；

Step 6：根据式(5 - 76)估计出 J 个强干扰的角度 $\theta_1,\theta_2,\cdots,\theta_J$；

Step 7：利用强干扰数量和角度的信息，通过式(5 - 77)和式(5 - 81)构造出干扰阻塞矩阵 $\boldsymbol{T}^{\mathrm{H}}(\theta)$；

Step 8：根据式(5－83)求得经过预白化处理的干扰阻塞矩阵 $\boldsymbol{T}_c$；

Step 9：根据式(5－80)用阻塞矩阵对 MIMO 雷达虚拟阵列接收数据进一步降维处理得到矩阵 $\boldsymbol{Y}$；

Step 10：对矩阵 $\boldsymbol{Y}$ 的协方差矩阵 $\boldsymbol{R}_Y$ 进行特征分解得到噪声子空间矩阵 $\boldsymbol{E}'_N\boldsymbol{E}'^H_N$；

Step 11：根据式(5－85)表示的 MUSIC 算法完成对单基地 MIMO 雷达目标信号源的波达方向估计。

5.6 计算机仿真结果

若单基地 MIMO 雷达阵列天线为等间距的均匀线阵，发射阵元数为 9，接收阵元数为 10，则经过降维处理后的产生的虚拟阵元数 I 为 18。假设阵元间距 $d=\lambda/2$，λ 为工作波长，接收脉冲数为 100，空间噪声为均值为 0，方差为 σ_n 加性高斯白噪声。

仿真 1：干扰源和目标源的保向正交性情况

假设干扰源位于 0°，目标源角度从 0°～90°按步长 1°变化，信噪比为 10 dB，干信比从 0 dB 按步长 1 dB 变化到 90 dB，信源功率和角度间隔变化时特征向量到导向矢量的投影情况如图 5.1 所示。

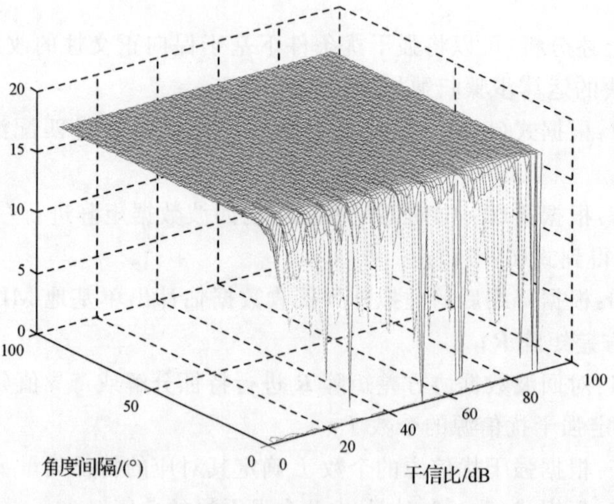

(a)

图 5.1　特征矢量到导向矢量投影随角度间隔及干信比变化

(a) $\boldsymbol{e}_1$ 到 $\boldsymbol{a}_1$ 投影

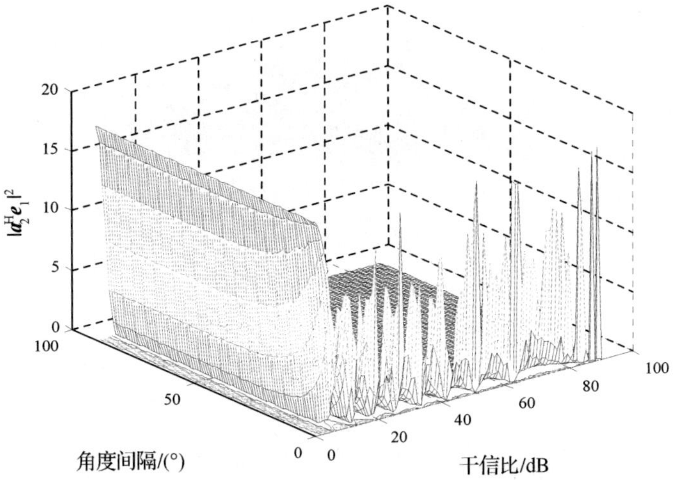

(b)

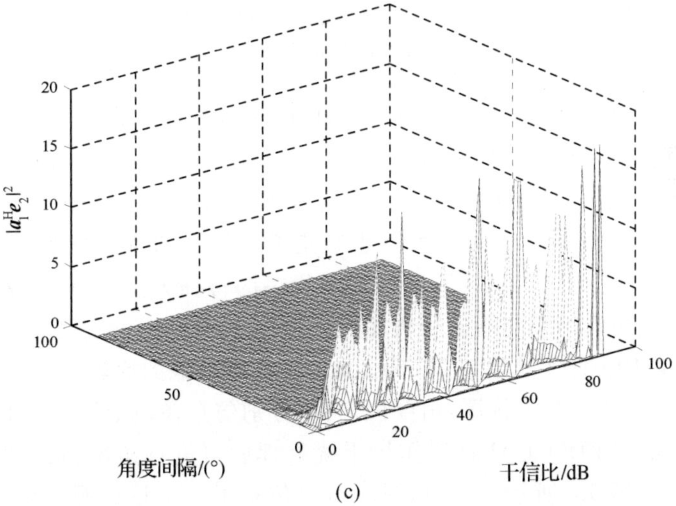

(c)

续图 5.1　特征矢量到导向矢量投影随角度间隔及干信比变化

(b) $\boldsymbol{e}_1$ 到 $\boldsymbol{a}_2$ 投影；(c) $\boldsymbol{e}_2$ 到 $\boldsymbol{a}_1$ 投影

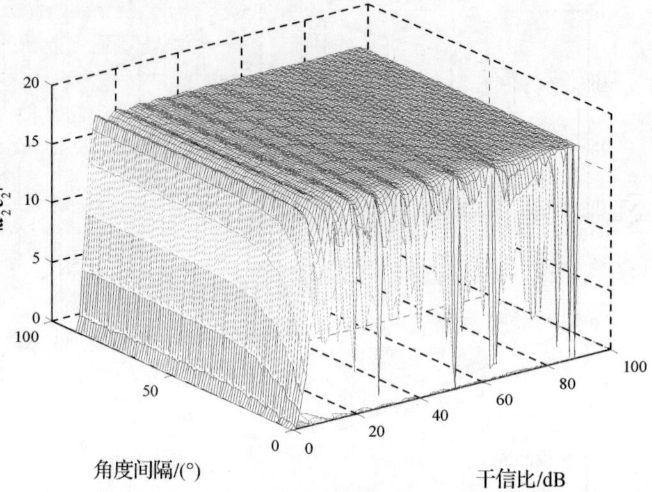

(d)

续图 5.1　特征矢量到导向矢量投影随角度间隔及干信比变化

(d) e_2 到 a_2 投影

图 5.1 中 $\boldsymbol{a}_1$ 和 $\boldsymbol{a}_2$ 分别为干扰源和目标源的导向矢量，$\boldsymbol{e}_1$ 和 $\boldsymbol{e}_2$ 为其对应的特征矢量。由图 5.1(a)(b)可见，当干扰源和目标源的干信比大并且角度间隔较大时，$\boldsymbol{e}_1$ 到 $\boldsymbol{a}_2$ 的投影保持在 18 左右，即 $|\boldsymbol{a}_1^{\mathrm{H}}\boldsymbol{e}_1|^2 \approx 18 = I$；而 $\boldsymbol{e}_1$ 到 $\boldsymbol{a}_2$ 的投影基本上等于 0，有 $|\boldsymbol{a}_2^{\mathrm{H}}\boldsymbol{e}_1|^2 \approx 0$，也就是说干扰源的特征矢量 $\boldsymbol{e}_1$ 具有保向正交性；从图 5.1(c)(d)仍然可以得到干扰源的特征矢量 $\boldsymbol{e}_2$ 具有保向正交性的结论，说明仿真结果与理论分析相一致。

仿真 2：DO-JJM 算法与 MUSIC 算法空间谱曲线的比较

假设空中有 1 个干扰源，角度位于 0°，分别仿真在强干扰条件下直接进行角度估计和采用 DO-JJM 算法作抗干扰处理后再进行角度估计的归一化空间谱曲线，如图 5.2 所示。其中，图 5.2(a)仿真了 2 个目标源的情况，角度分别为 −15°，20°，干噪比为 60 dB，信噪比为 20 dB；图 5.2(b)仿真了 3 个目标源的情况，角度分别为 −10°，−20°，15°，干噪比为 60 dB，信噪比为 20 dB。

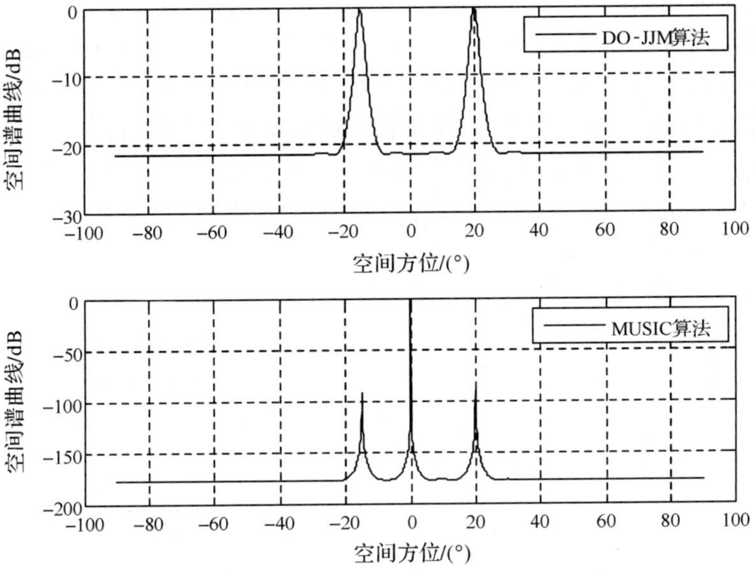

(a)

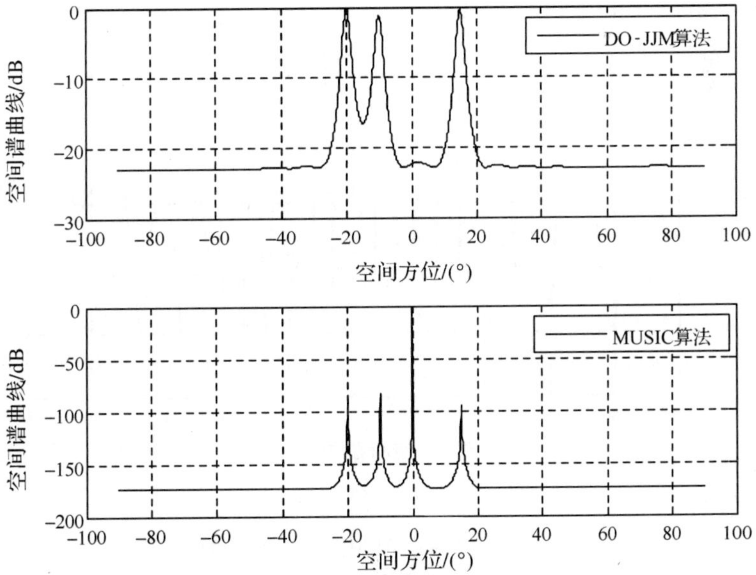

(b)

图 5.2　强干扰条件下 DO-JJM 算法性能仿真

(a) 2 个目标源的情况；(b) 3 个目标源的情况

由上面图 5.2 的仿真结果可见:空中有 2 个目标源或 3 个目标源时,DO-JJM 算法均可以有效地抑制掉干扰谱峰,并且都可以在目标源的真实波达方向角度形成约为 22 dB 的谱峰幅度;而若采用常规的 MUSIC 子空间类算法,因为受到 40 dB 强干扰的影响,干扰信号的谱峰幅度会高出目标信号的谱峰幅度将近 50 dB 左右,这种情况下,信号的谱峰会淹没在强干扰谱峰中不能被有效地检测出来,难以有效地估计出目标的波达方向,这说明了 DO-JJM 算法在强干扰条件下对目标角度估计的有效性。

仿真 3:基于信源保向正交性原理估计干扰源角度的情况

假设空中有 2 个目标源,角度分别为$-15°$,$30°$,信噪比固定为 10 dB,图 5.3 分别仿真了干噪比固定为 40 dB 时空中有 2 个干扰源和 3 个干扰源的情况。其中,图 5.3(a)为 2 个干扰源的情况,角度分别为$-40°$,$0°$;图 5.3(b)为 3 个干扰源的情况,角度分别为$-20°$,$0°$,$40°$。

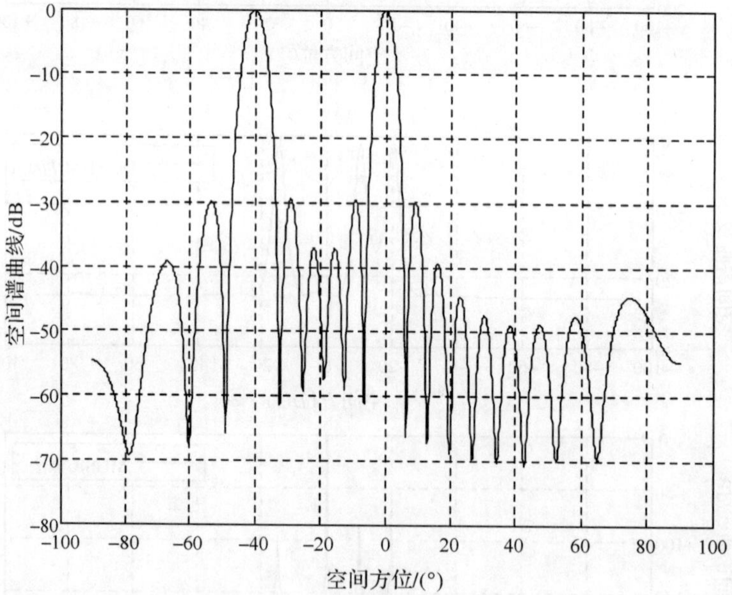

(a)

图 5.3 基于保向正交性估计干扰源的角度仿真

(a) 2 个干扰源的情况

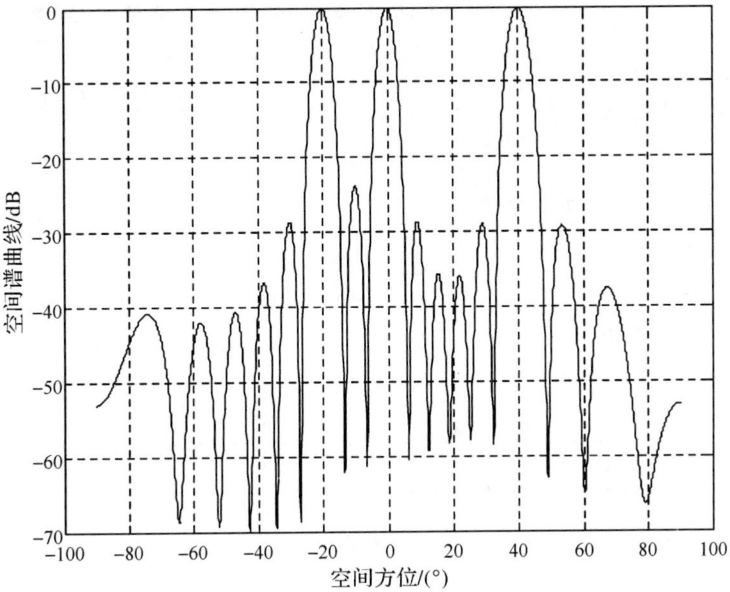

(b)

续图 5.3　基于保向正交性估计干扰源的角度仿真

(b) 3 个干扰源的情况

由图 5.3 的仿真结果可见：空中有 2 个干扰源或 3 个干扰源时，并且当干扰源和目标源的信号功率和角度间隔都相差较大时，可以根据推导的保向正交性原理由特征矢量准确地估计出干扰源的角度。这种情况下，由于采用了超分辨的角度估计方法，所以对干扰源的定向比常规的相控阵天线针状波束定向的方法具有更高的精度，更加适合复杂电磁环境下干扰定向的实际应用。

仿真 4：干噪比变化时，算法的角度估计性能比较

假设空中有 1 个干扰源，角度固定位于 0°，两个目标源的角度分别为 −20°，10°，干噪比从 40 dB 按步长 5 dB 变化到 120 dB，信噪比固定为 10 dB，分别做 200 次 Monte-Carlo 实验，仿真 DO-JJM 算法、目标角度精确已知的 JJM 算法和目标角度有 2°侦察误差的 JJM 算法的角度估计性能，如图 5.4 所示。其中，图 5.4(a) 为三种算法的估计成功概率随干噪比(Jam to Noise Ratio，JNR)变化的比较曲线，图 5.4(b) 为三种算法的估计偏差随 JNR 变化的曲线，图 5.4(c) 为三种算法的均方根误差(RMSE)随 JNR 变化的曲线。

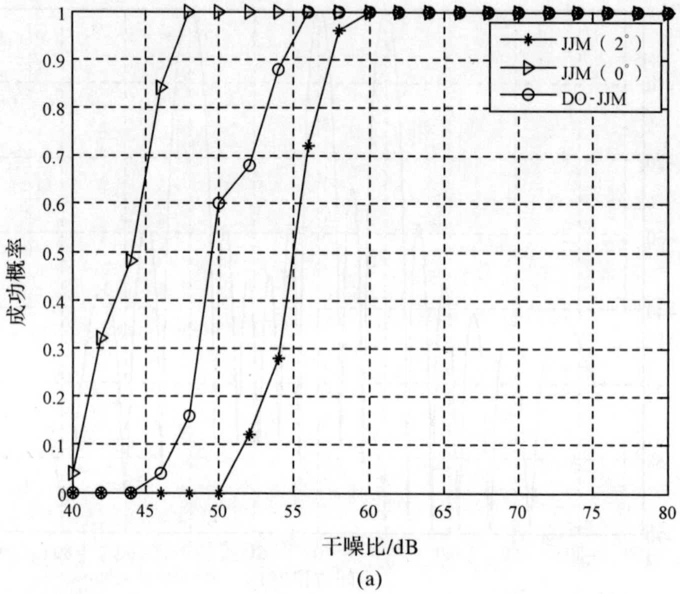

(a)

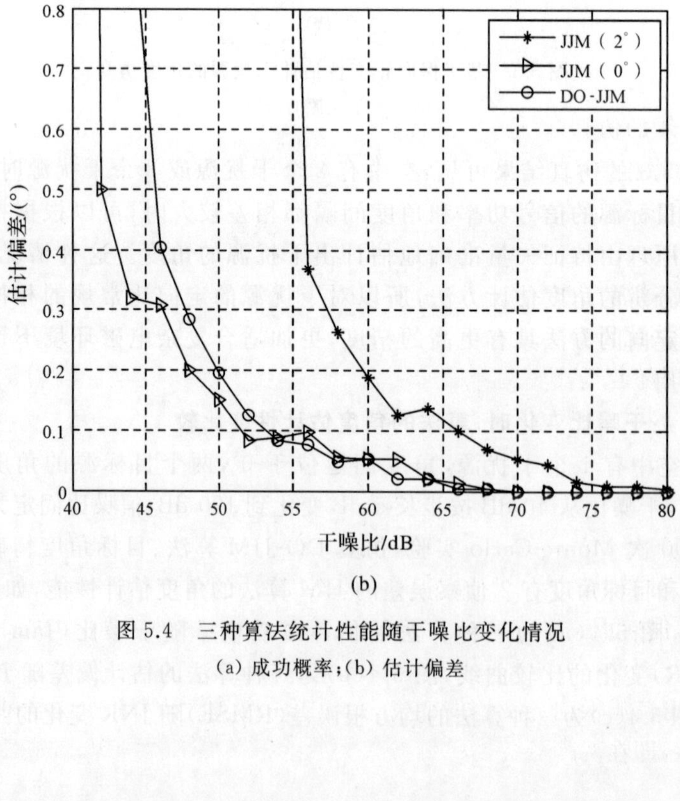

(b)

图 5.4　三种算法统计性能随干噪比变化情况

(a) 成功概率；(b) 估计偏差

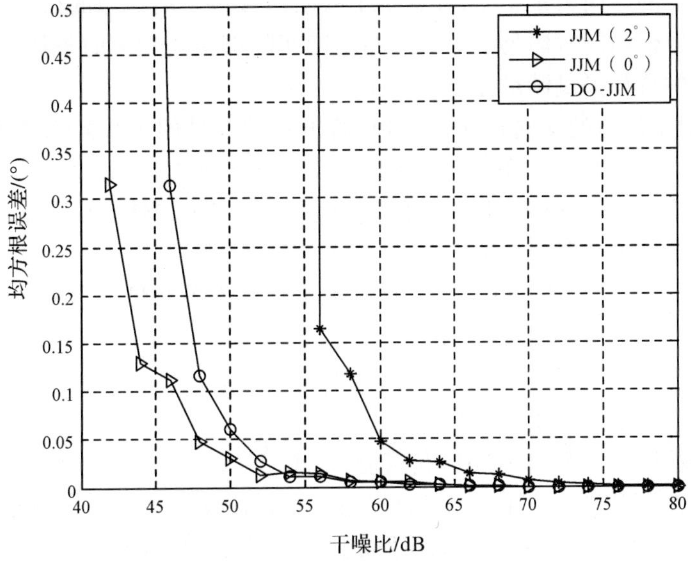

(c)

续图 5.4　三种算法统计性能随干噪比变化情况

(c) 均方根误差

由图 5.4 的仿真结果可见：经过 Monte-Carlo 实验的仿真比较，在干扰功率和信号功率相差不大时，DO-JJM 算法和目标角度精确已知的 JJM 算法在成功概率、估计偏差和估计均方根误差三方面均要优于目标角度有 2°侦察误差的 JJM 算法；DO-JJM 算法和目标角度精确已知的 JJM 算法两者的估计性能基本一致，通常干扰源的非合作性决定了其角度是不能准确已知的，所以 DO-JJM 算法比目标角度精确已知的 JJM 算法更接近真实的应用情况；另外，可以发现随着干扰功率和信号功率的差别越来越大，上述三种算法的统计估计性能差别越来越小。

5.7　本 章 小 结

本章针对强干扰背景下的 MIMO 雷达的角度估计问题开展研究，给出一种基于信源保向正交性原理的改进的干扰阻塞(DO-JJM)算法，所完成的主要工作和 DO-JJM 算法的特点可以归纳如下：

(1)给出信源保向正交性的定义，并证明一个强信源和一个弱信源的保向正交性条件，即在两信源的功率相差很大的前提条件下，弱信源对应的特征向量与强信源的导向矢量正交;分析多个强信源和一个弱信源的保向正交性条件,即强、弱信源同时满足信源功率和角度间隔都相差较大的条件时,就可认为其对应的特征矢量满足保向正交性。

(2)根据信源的保向正交性原理,给出一种改进的干扰阻塞角度估计算法,即 DO-JJM 算法,先用信源的保向正交性估计出干扰源的角度,再用构造的阻塞矩阵降维处理剔除强干扰的接收数据,最后用 MUSIC 等常规的角度估计算法估计出信源的波达方向。

(3)通过仿真验证 DO-JJM 算法在强干扰条件下对目标角度估计的有效性,给出的算法可以有效地抑制掉干扰谱峰,并且在目标真实波达方向形成较强的信号谱峰,解决强干扰条件下信号的谱峰会淹没在强干扰的谱峰中不能被有效检测出来的问题。

(4)通过多次 Monte-Carlo 仿真验证 DO-JJM 算法在成功概率、估计偏差和估计均方根误差三方面均优于目标角度有 2°侦察误差的 JJM 算法,与目标角度精确已知的 JJM 算法的估计性能基本一致,并且无须预先知道干扰源的精确的角度,更加适合复杂电磁环境下干扰定向的实际应用。

第 6 章　非圆信号条件下 MIMO 雷达快速目标角度估计

6.1 引　　言

二进制相移键控(Binary Phase Shift Keying, BPSK)及多重移幅键控(Mary Amplitude Shift Keying, MASK)等[164]非圆信号是现代无线通信中常见的信号,这类信号的特点是它们的振幅只有同相分量而正交分量为零,所以该类信号的椭圆协方差矩阵不为零。通过利用非圆信号的这个特性,可以有效地将接收数据矩阵维数加倍(等效于阵元个数加倍),从而提高参数估计的性能,增大可估计信号的个数。文献[165]研究了 BPSK 和 MASK 两种非圆信号应用于雷达系统时在抗干扰和提高角度估计性能方面产生的优势。因此,利用非圆信号的非圆特性来提高雷达的目标角度估计性能是当前阵列信号处理领域的一个研究热点[166-168]。

双基地 MIMO 雷达采用收发分置的阵列配置,其虚拟阵元数为发射阵元数和接收阵元数的乘积,大大增加了阵列天线的孔径;在此基础上,利用非圆信号的特性,可进一步增大双基地 MIMO 雷达的阵列孔径,得到更大的空间增益,从而提高雷达探测目标的可靠性和目标参数估计的精度。但是,阵列孔径增大同时也带来了运算量增大的问题,如果采用 MUSIC 算法来估计目标角度的话,其运算量将是十分庞大的。

ESPRIT 算法无须搜索谱峰,运算复杂度低,是一种常用的实时角度估计算法。目前,基于非圆信号的 ESPRIT 类算法的研究引起了一些学者的关注。文献[169]提出了适于双基地 MIMO 雷达的共轭 ESPRIT 算法(Conjugate ESPRIT, C-ESPRIT),该算法不仅提高了算法的估计精度而且使得算法可以估计大于阵元个数的目标。需要注意到,C-ESPRIT 算法能够取得良好估计性能是建立在假设目标的回波信号是实信号的基础上的,即需要满足 $\boldsymbol{s}(t)=\boldsymbol{s}^*(t)$,但是在实际的信号传播环境中这种假设是不可能存在的[170]。文献[171]中利用非圆信号的特征提出了 ESPRIT-RootMUSIC 算法,联合 ESPRIT 和 RootMUSIC 算法估计出了目标 DOD 和 DOA,从而实现了对目标的定位。文献[172]研究了共轭酉 ESPRIT 算法(Conjugate Unitary ESPRIT, CU-ESPRIT),通过 Unitary 变换可以将复值运算转换成实值运算,从而达到减小计算量的目的。在文献[172]的基础上,文献[173]给出了一种基于传播算子的 PM-CU-ESPRIT 算法,该算法无须进行特征值分解即可得到信号子空间,进一步减小了算法的计算量。文献[174]通过 Unitary 变换将接收的数据矩阵转换成实值矩阵,根据信号子空间实值旋转不变性得到波离角,再根据 MUSIC 算法的实值降维函数得到波达角,该算法无须谱峰搜索,且可实现角度的自动配对。针对圆和非圆信号同时存在的情况,文献[175]在给出了接收数据模型的基础上,利用 ESPRIT 算法来估计圆信号的收发角,再利用酉 ESPRIT 算法来估计非圆信号的收发角。该算法可估计的目标数远大于阵元数,且具有较好的角度估计精度。上述文献[172-175]所提的算法都是采用酉变换来实现阵列孔径增大的目的,这相当于对双基地 MIMO 雷达的数据进行了一次预处理,增加了算法的复杂度和计算量。

为了降低算法的计算量,同时获得较好的角度估计性能,本章给出两种不需要进行酉变换的 ESPRIT 类算法(ESPRIT-like)。首先,基于非圆信号的特性,在利用欧拉公式的基础上,得到包含正弦和余弦函数的双基地 MIMO 雷达实值阵列数据矢量,该数据是原接收数据的两倍;然后,通过构造收发选择矩阵分别求得收发阵列的旋转不变因子,并利用 ESPRIT 算法估计出目标的波达角和波离角;最后,由于用于角度估计的旋转不变因子中包含余弦函数,所以角度估计存在镜像角度,这里利用最大似然函数来消除角度估计的镜像模糊,从而得到正确的目标角度。

6.2 双基地 MIMO 雷达非圆信号模型

假设发射和接收为均匀线阵的双基地 MIMO 雷达,阵元数分别为 M, N,阵元间距为 $\lambda/2$,观测的 P 个远场点目标位于同一距离分辨环内,相对于收发天线的波达角和波离角为 (θ_p, φ_p), $p=1,2,\cdots,P$,其中 θ_p 为第 p 个目标的 DOA, φ_p 为第 p 个目标的 DOD。雷达所接收的非圆信号 $\boldsymbol{s}(t)=[s_1(t), s_2(t), \cdots, s_P(t)]^{\mathrm{T}}$ 可以表示为

$$s_p(t)=\alpha_p(t)\,\mathrm{e}^{\mathrm{j}\phi_p} \tag{6-1}$$

式中,$\alpha_p(t)$表示的是实值的幅度;ϕ_p 是不随时间变化的任意相移。

因此,根据前面的双基地 MIMO 雷达信号模型,可以得到接收端匹配滤波器组的输出可表示为

$$\boldsymbol{x}(t)=\boldsymbol{A\Delta\alpha}(t)+\boldsymbol{n}(t) \tag{6-2}$$

式中，$\boldsymbol{A}=\boldsymbol{A}_{\mathrm{r}}*\boldsymbol{A}_{\mathrm{t}}=[\boldsymbol{a}_{\mathrm{r}}(\theta_1)\otimes\boldsymbol{a}_{\mathrm{t}}(\varphi_1),\cdots,\boldsymbol{a}_{\mathrm{r}}(\theta_P)\otimes\boldsymbol{a}_{\mathrm{t}}(\varphi_P)]$ 是 $MN\times P$ 维 P 个目标的导向矢量矩阵；$\boldsymbol{a}_{\mathrm{r}}(\theta_p)=[1,\mathrm{e}^{\mathrm{j}\pi\sin\theta_p},\cdots,\mathrm{e}^{\mathrm{j}(N-1)\pi\sin\theta_p}]^{\mathrm{T}}$；$\boldsymbol{a}_{\mathrm{t}}(\varphi_p)=[1,\mathrm{e}^{\mathrm{j}\pi\sin\varphi_p},\cdots,\mathrm{e}^{\mathrm{j}(M-1)\pi\sin\varphi_p}]^{\mathrm{T}}$；$\boldsymbol{\Delta}=\mathrm{diag}[\mathrm{e}^{\mathrm{j}\phi_1},\mathrm{e}^{\mathrm{j}\phi_2},\cdots,\mathrm{e}^{\mathrm{j}\phi_P}]$；$\boldsymbol{\alpha}(t)=[\alpha_1(t),\alpha_2(t),\cdots,\alpha_P(t)]^{\mathrm{T}}$；$\boldsymbol{n}(t)$ 是均值为 0，方差为 $\sigma^2\boldsymbol{I}_{MN}$ 的高斯白噪声；$*$ 表示 Khatri-Rao 积。

$\boldsymbol{x}(t)$ 的实部 $\boldsymbol{y}_{\mathrm{R}}(t)$ 和虚部 $\boldsymbol{y}_{\mathrm{I}}(t)$ 可以通过下式来得到：

$$\left.\begin{aligned}\boldsymbol{y}_{\mathrm{R}}(t)&=[\boldsymbol{x}(t)+\boldsymbol{x}^*(t)]/2\\ \boldsymbol{y}_{\mathrm{I}}(t)&=[\boldsymbol{x}(t)-\boldsymbol{x}^*(t)]/2\mathrm{j}\end{aligned}\right\} \tag{6-3}$$

注意到

$$\left.\begin{aligned}\cos(a+b)&=\cos a\cos b-\sin a\sin b\\ \sin(a+b)&=\sin a\cos b+\cos a\sin b\end{aligned}\right\} \tag{6-4}$$

根据欧拉公式和非圆信号的实值特性，并通过相关的运算，$\boldsymbol{y}_{\mathrm{R}}(t)$ 和 $\boldsymbol{y}_{\mathrm{I}}(t)$ 可以进一步表示为

$$\left.\begin{aligned}\boldsymbol{y}_{\mathrm{R}}(t)&=[\boldsymbol{A}_{\mathrm{r1}}*\boldsymbol{A}_{\mathrm{t1}}-\boldsymbol{A}_{\mathrm{r2}}*\boldsymbol{A}_{\mathrm{t2}}]\boldsymbol{\alpha}(t)+\boldsymbol{n}_{\mathrm{R}}(t)\\ \boldsymbol{y}_{\mathrm{I}}(t)&=[\boldsymbol{A}_{\mathrm{r2}}*\boldsymbol{A}_{\mathrm{t1}}+\boldsymbol{A}_{\mathrm{r1}}*\boldsymbol{A}_{\mathrm{t2}}]\boldsymbol{\alpha}(t)+\boldsymbol{n}_{\mathrm{I}}(t)\end{aligned}\right\} \tag{6-5}$$

式中，

$\boldsymbol{A}_{\mathrm{r1}}=[\boldsymbol{a}_{\mathrm{r1}}(\theta_1),\cdots,\boldsymbol{a}_{\mathrm{r1}}(\theta_P)]$；

$\boldsymbol{a}_{\mathrm{r1}}(\theta_p)=[\cos\phi_p,\cos(\pi\sin\theta_p+\phi_p),\cdots,\cos((N-1)\pi\sin\theta_p+\phi_p)]^{\mathrm{T}}$；

$\boldsymbol{A}_{\mathrm{r2}}=[\boldsymbol{a}_{\mathrm{r2}}(\theta_1),\cdots,\boldsymbol{a}_{\mathrm{r2}}(\theta_P)]$；

$\boldsymbol{a}_{\mathrm{r2}}(\theta_p)=[\sin\phi_p,\sin(\pi\sin\theta_p+\phi_p),\cdots,\sin((N-1)\pi\sin\theta_p+\phi_p)]^{\mathrm{T}}$；

$\boldsymbol{A}_{\mathrm{t1}}=[\boldsymbol{a}_{\mathrm{t1}}(\varphi_1),\cdots,\boldsymbol{a}_{\mathrm{t1}}(\varphi_P)]$；

$\boldsymbol{a}_{\mathrm{t1}}(\varphi_p)=[\cos\phi_p,\cos(\pi\sin\varphi_p+\phi_p),\cdots,\cos((M-1)\pi\sin\varphi_p+\phi_p)]^{\mathrm{T}}$；

$\boldsymbol{A}_{\mathrm{t2}}=[\boldsymbol{a}_{\mathrm{t2}}(\varphi_1),\cdots,\boldsymbol{a}_{\mathrm{t2}}(\varphi_P)]$；

$\boldsymbol{a}_{\mathrm{t2}}(\varphi_p)=[\sin\phi_p,\sin(\pi\sin\varphi_p+\phi_p),\cdots,\sin((M-1)\pi\sin\varphi_p+\phi_p)]^{\mathrm{T}}$；

$\boldsymbol{n}_{\mathrm{R}}(t)=[\boldsymbol{n}(t)+\boldsymbol{n}^*(t)]/2$；

$\boldsymbol{n}_{\mathrm{I}}(t)=[\boldsymbol{n}(t)-\boldsymbol{n}^*(t)]/2\mathrm{j}$。

6.3　旋转不变因子为余弦函数的 ESPRIT-like 算法

6.3.1　ESPRIT-like1 算法原理

利用 $\boldsymbol{y}_{\mathrm{R}}(t)$ 和 $\boldsymbol{y}_{\mathrm{I}}(t)$，可以构造如下的双基地 MIMO 雷达非圆信号虚拟

阵列数据矢量：

$$\boldsymbol{y}(t)=\boldsymbol{y}_{\mathrm{R}}(t)+\boldsymbol{y}_{\mathrm{I}}(t)=\boldsymbol{B}\boldsymbol{\alpha}(t)+\boldsymbol{n}_{z}(t)=[\boldsymbol{B}_{\mathrm{r}}*\boldsymbol{A}_{\mathrm{t1}}+\widetilde{\boldsymbol{B}}_{\mathrm{r}}*\boldsymbol{A}_{\mathrm{t2}}]\boldsymbol{\alpha}(t)+\boldsymbol{n}_{y}(t) \tag{6-6}$$

式中，

$\boldsymbol{B}_{\mathrm{r}}=\boldsymbol{A}_{\mathrm{r1}}+\boldsymbol{A}_{\mathrm{r2}}=[\boldsymbol{b}_{\mathrm{r}}(\theta_1),\cdots,\boldsymbol{b}_{\mathrm{r}}(\theta_P)]$；

$\boldsymbol{b}_{\mathrm{r}}(\theta_p)=\boldsymbol{a}_{\mathrm{r1}}(\theta_p)+\boldsymbol{a}_{\mathrm{r2}}(\theta_p)$；

$\widetilde{\boldsymbol{B}}_{\mathrm{r}}=\boldsymbol{A}_{\mathrm{r1}}-\boldsymbol{A}_{\mathrm{r2}}=[\widetilde{\boldsymbol{b}}_{\mathrm{r}}(\theta_1),\cdots,\widetilde{\boldsymbol{b}}_{\mathrm{r}}(\theta_P)]$

$\widetilde{\boldsymbol{b}}_{\mathrm{r}}(\theta_P)=\boldsymbol{a}_{\mathrm{r1}}(\theta_p)-\boldsymbol{a}_{\mathrm{r2}}(\theta_p)$；

$\boldsymbol{n}_{y}(t)=\boldsymbol{n}_{\mathrm{R}}(t)+\boldsymbol{n}_{\mathrm{I}}(t)$ 。

$\boldsymbol{y}(t)$ 的数据协方差矩阵可表示为

$$\boldsymbol{R}_{y}=\mathrm{E}[\boldsymbol{y}(t)\boldsymbol{y}^{\mathrm{H}}(t)]=\boldsymbol{B}\boldsymbol{R}_{\alpha}\boldsymbol{B}^{\mathrm{H}}+\boldsymbol{R}_{n} \tag{6-7}$$

式中，

$\boldsymbol{R}_{\alpha}=\mathrm{E}[\boldsymbol{\alpha}(t)\boldsymbol{\alpha}^{\mathrm{T}}(t)]=\mathrm{diag}\{[P_1,P_2,\cdots,P_P]\}$；

$P_p=\mathrm{E}[\alpha_p(t)\alpha_p^{\mathrm{T}}(t)]$表示的是第 p 个目标的能量；

$\boldsymbol{R}_{n}=\mathrm{E}[\boldsymbol{n}_{y}(t)\boldsymbol{n}_{y}^{\mathrm{T}}(t)]=\sigma_n^2\boldsymbol{I}_{MN}$ 。

通过观察构造后数据矢量 $\boldsymbol{y}(t)$的导向矢量 $\boldsymbol{B}$，可以看出发射和接收阵列的导向矢量不再具有旋转不变性，所以 ESPRIT 算法不能直接用于估计目标的 DOA 和 DOD。为了实现对目标二维方位角的估计，这里分别构造接收和发射选择矩阵得到收发阵列的旋转不变因子，从而获得对目标 DOA 和 DOD 的估计。

首先，定义如下两个 $(N-2)\times N$ 维的选择矩阵 $\boldsymbol{J}_{\mathrm{r1}}$ 和 $\boldsymbol{J}_{\mathrm{r2}}$ [176]：

$$\boldsymbol{J}_{\mathrm{r1}}=\begin{bmatrix}0&1&0&0&\cdots&0\\0&0&1&0&\cdots&0\\\vdots&\vdots&\vdots&\vdots&&\vdots\\0&0&0&0&\cdots&0\end{bmatrix}_{(N-2)\times N} \tag{6-8}$$

$$\boldsymbol{J}_{\mathrm{r2}}=\frac{1}{2}\begin{bmatrix}1&0&1&0&\cdots&0\\0&1&0&1&\cdots&0\\\vdots&\vdots&\vdots&\vdots&&\vdots\\0&0&0&1&\cdots&1\end{bmatrix}_{(N-2)\times N} \tag{6-9}$$

同时，注意到

$$\frac{1}{2}\{\cos[(n-1)\beta_p]+\cos[(n+1)\beta_p]+\sin[(n-1)\beta_p]+\sin[(n+1)\beta_p]\}=$$

$\cos\beta_p[\cos(n\beta_p)+\sin(n\beta_p)]$,

$\frac{1}{2}\{\cos[(n-1)\beta_p]+\cos[(n+1)\beta_p]-\sin[(n-1)\beta_p]-\sin[(n+1)\beta_p]\}=$

$\cos\beta_p[\cos(n\beta_p)-\sin(n\beta_p)]$。其中:$\beta_p=\pi\sin\theta_p, p=1,2,\cdots,P$。

可以得到如下关系式:

$$\boldsymbol{J}_{\mathrm{r2}}\boldsymbol{b}_{\mathrm{r}}(\theta_p)=\cos(\pi\sin\theta_p)\boldsymbol{J}_{\mathrm{r1}}\boldsymbol{b}_{\mathrm{r}}(\theta_p) \tag{6-10}$$

$$\boldsymbol{J}_{\mathrm{r2}}\tilde{\boldsymbol{b}}_{\mathrm{r}}(\theta_p)=\cos(\pi\sin\theta_p)\boldsymbol{J}_{\mathrm{r1}}\tilde{\boldsymbol{b}}_{\mathrm{r}}(\theta_p) \tag{6-11}$$

由 $\boldsymbol{J}_{\mathrm{r1}}$ 和 $\boldsymbol{J}_{\mathrm{r2}}$ 定义可以得到如下的接收选择矩阵:

$$\tilde{\boldsymbol{J}}_{\mathrm{r1}}=\boldsymbol{J}_{\mathrm{r1}}\otimes\boldsymbol{I}_M \tag{6-12}$$

$$\tilde{\boldsymbol{J}}_{\mathrm{r2}}=\boldsymbol{J}_{\mathrm{r2}}\otimes\boldsymbol{I}_M \tag{6-13}$$

式中,$\boldsymbol{I}_M$ 表示的是 M 维的单位阵。

因此,可以得到如下的接收旋转不变特性:

$$\tilde{\boldsymbol{J}}_{\mathrm{r2}}\boldsymbol{B}=\tilde{\boldsymbol{J}}_{\mathrm{r1}}\boldsymbol{B}\boldsymbol{\Phi}_{\mathrm{r}} \tag{6-14}$$

式中,$\boldsymbol{\Phi}_{\mathrm{r}}=\mathrm{diag}\{[\cos\beta_1,\cos\beta_2,\cdots,\cos\beta_P]\}$。

同理,可以构造如下的发射选择矩阵:

$$\tilde{\boldsymbol{J}}_{\mathrm{t1}}=\boldsymbol{I}_N\otimes\boldsymbol{J}_{\mathrm{t1}} \tag{6-15}$$

$$\tilde{\boldsymbol{J}}_{\mathrm{t2}}=\boldsymbol{I}_N\otimes\boldsymbol{J}_{\mathrm{t2}} \tag{6-16}$$

其中,$\boldsymbol{J}_{\mathrm{t1}}, \boldsymbol{J}_{\mathrm{t2}}$ 是与 $\boldsymbol{J}_{\mathrm{r1}}, \boldsymbol{J}_{\mathrm{r2}}$ 相似的 $(M-2)\times M$ 选择矩阵。

经过一系列的矩阵运算,同样可以得到如下的发射旋转不变性:

$$\tilde{\boldsymbol{J}}_{\mathrm{t2}}\boldsymbol{B}=\tilde{\boldsymbol{J}}_{\mathrm{t1}}\boldsymbol{B}\boldsymbol{\Phi}_{\mathrm{t}} \tag{6-17}$$

式中,$\boldsymbol{\Phi}_{\mathrm{t}}=\mathrm{diag}\{[\cos\gamma_1,\cos\gamma_2,\cdots,\cos\gamma_P]\}$,$\gamma_p=\pi\sin\varphi_p, p=1,2,\cdots,P$。

对 $\boldsymbol{R}_y$ 进行特征值分解或者奇异值分解即可得到其信号子空间 $\boldsymbol{U}_{y\mathrm{s}}$。根据子空间理论,$\boldsymbol{U}_{y\mathrm{s}}$和 $\boldsymbol{B}$ 之间满足如下关系式:

$$\boldsymbol{U}_{y\mathrm{s}}=\boldsymbol{B}\boldsymbol{T} \tag{6-18}$$

其中,$\boldsymbol{T}$ 是一个唯一的非奇异矩阵。

如果令 $\boldsymbol{U}_{y\mathrm{r1}}=\tilde{\boldsymbol{J}}_{\mathrm{r1}}\boldsymbol{U}_{y\mathrm{s}}$,$\boldsymbol{U}_{y\mathrm{r2}}=\tilde{\boldsymbol{J}}_{\mathrm{r2}}\boldsymbol{U}_{y\mathrm{s}}$,$\boldsymbol{U}_{y\mathrm{t1}}=\tilde{\boldsymbol{J}}_{\mathrm{t1}}\boldsymbol{U}_{y\mathrm{s}}$ 及 $\boldsymbol{U}_{y\mathrm{t2}}=\tilde{\boldsymbol{J}}_{\mathrm{t2}}\boldsymbol{U}_{y\mathrm{s}}$,那么根据式(6－8)、式(6－14)和式(6－17),可以得到以下关系式:

$$\boldsymbol{U}_{y\mathrm{r2}}=\boldsymbol{U}_{y\mathrm{r1}}\boldsymbol{\Psi}_{y\mathrm{r}} \tag{6-19}$$

$$\boldsymbol{U}_{y\mathrm{t2}}=\boldsymbol{U}_{y\mathrm{t1}}\boldsymbol{\Psi}_{y\mathrm{t}} \tag{6-20}$$

式中,$\boldsymbol{\Psi}_{y\mathrm{r}}=\boldsymbol{T}^{-1}\boldsymbol{\Phi}_{y\mathrm{r}}\boldsymbol{T}$,$\boldsymbol{\Psi}_{y\mathrm{t}}=\boldsymbol{T}^{-1}\boldsymbol{\Phi}_{y\mathrm{t}}\boldsymbol{T}$。

因此,$\boldsymbol{U}_{y\mathrm{r1}}$ 和 $\boldsymbol{U}_{y\mathrm{r2}}$,$\boldsymbol{U}_{y\mathrm{t1}}$ 和 $\boldsymbol{U}_{y\mathrm{t2}}$ 之间具有如下关系:

$$\boldsymbol{U}_{y\mathrm{r1}}^{\#}\boldsymbol{U}_{y\mathrm{r2}}=\boldsymbol{\Psi}_{y\mathrm{r}}=\boldsymbol{T}^{-1}\boldsymbol{\Phi}_{y\mathrm{r}}\boldsymbol{T} \tag{6-21}$$

$$U_{yt1}^{\#}U_{yt2}=\boldsymbol{\Psi}_{yt}=\boldsymbol{T}^{-1}\boldsymbol{\Phi}_{yt}\boldsymbol{T} \tag{6-22}$$

由于 $\boldsymbol{U}_{yr1}$ 和 $\boldsymbol{U}_{yr2}$,$\boldsymbol{U}_{yt1}$ 和 $\boldsymbol{U}_{yt2}$ 都是实值矩阵,所以 $\boldsymbol{\Psi}_{yr}$ 和 $\boldsymbol{\Psi}_{yt}$ 也都是实值矩阵。这里采用文献[178]中的方法来进行参数的自动配对,即令

$$\boldsymbol{\Psi}_{y}=\boldsymbol{\Psi}_{yr}+j\boldsymbol{\Psi}_{yt} \tag{6-23}$$

由 $\boldsymbol{\Phi}_{yr}$ 和 $\boldsymbol{\Phi}_{yt}$ 的表达式可以看出:ESPRIT-like 算法的收发旋转不变因子是余弦函数,而余弦函数是一个偶函数,所以目标的角度可能存在镜像模糊角度。通过对式(6-23)中 $\boldsymbol{\Psi}_{y}$ 的进行特征值分解,可以得到关于 DOD 和 DOA 的估计值:

$$\hat{\theta}'_{p}=\pm a\sin\{a\cos[\mathrm{Re}(\hat{\lambda}_{p})/\pi]\},p=1,2,\cdots,P \tag{6-24}$$

$$\hat{\varphi}'_{p}=\pm a\sin\{a\cos[\mathrm{Im}(\hat{\lambda}_{p})/\pi]\},p=1,2,\cdots,P \tag{6-25}$$

式中,$\hat{\lambda}_{p}$ 是 $\boldsymbol{\Psi}_{y}$ 的第 p 个特征值。

根据式(6-24)和(6-25)知道:所估计得到的 DOD 和 DOA 都会存在镜像角度,从而对目标角度的估计造成干扰。为了避免镜像模糊问题,这里采用最大似然方法来选择目标正确的 DOD 和 DOA,其最大似然函数如下:

$$(\hat{\theta}_{p},\hat{\varphi}_{p})=\underset{\theta,\varphi}{\mathrm{argmax}}\ \|\boldsymbol{a}^{\mathrm{H}}(\theta,\varphi)\boldsymbol{X}\|^{2},(\theta,\varphi)\in(\hat{\theta}'_{p},\hat{\varphi}'_{p}),p=1,2,\cdots,P \tag{6-26}$$

式中,$\boldsymbol{a}(\theta,\varphi)=\boldsymbol{a}_{\mathrm{r}}(\theta_{p})\otimes\boldsymbol{a}_{\mathrm{t}}(\varphi_{p})$,$\boldsymbol{X}=[\boldsymbol{x}(t_{1}),\boldsymbol{x}(t_{2}),\cdots,\boldsymbol{x}(t_{L})]$,L 表示的是回波数据的脉冲数。

从上述的描述过程,可以看出:ESPRIT-like 算法无须采用酉变换就可将阵列接收的复数据转换成实数据。同时,该算法最大可估计的目标数为 $\min[M(N-2),N(M-2)]$ 。

6.3.2 ESPRIT-like1 算法步骤

根据上面的分析过程,将旋转因子为余弦函数的 ESPRIT-like 算法的步骤总结如下:

Step 1:根据式(6-2),利用 L 个脉冲周期匹配滤波器形成双基地 MIMO 雷达的接收数据矩阵 $\boldsymbol{x}(t_{l})$,$l=1,2,\cdots,L$;

Step 2:由式(6-3)构造得到实部 $\boldsymbol{y}_{\mathrm{R}}(t_{l})$ 和虚部 $\boldsymbol{y}_{\mathrm{I}}(t_{l})$,并将 $\boldsymbol{y}_{\mathrm{R}}(t_{l})$ 和 $\boldsymbol{y}_{\mathrm{I}}(t_{l})$ 相加得到 $\boldsymbol{y}(t_{l})$;

Step 3:计算 $\boldsymbol{y}(t_{l})$ 协方差矩阵,即 $\boldsymbol{R}_{y}=\sum_{l=1}^{L}\boldsymbol{y}(t_{l})\boldsymbol{y}^{\mathrm{H}}(t_{l})$,并对其进行特

征值分解得到信号子空间 $\boldsymbol{U}_{ys}$；

Step 4：根据式(6－12)(6－13)和式(6－15)(6－16)分别构造接收和发射选择矩阵，利用构造的选择矩阵和 $\boldsymbol{U}_{ys}$ 分别得到 $\boldsymbol{U}_{yr1}$，$\boldsymbol{U}_{yr2}$ 和 $\boldsymbol{U}_{yt1}$，$\boldsymbol{U}_{yt2}$；

Step 5：由 $\boldsymbol{U}_{yr1}$，$\boldsymbol{U}_{yr2}$ 和 $\boldsymbol{U}_{yt1}$，$\boldsymbol{U}_{yt2}$ 分别得到 $\boldsymbol{\Psi}_{yr}$ 和 $\boldsymbol{\Psi}_{yt}$，并采用式(6－23)的配对方法构造；

Step 6：对 $\boldsymbol{\Psi}_{y}$ 进行特征值分解，根据式(6－24)和式(6－25)可得到对 DOA 和 DOD 的估计值，并采用式(6－26)来解决镜像模糊问题。

6.4　旋转不变因子为正切和余弦函数的 ESPRIT-like 算法

上一节给出了一种收发阵列的旋转不变因子都为余弦函数的 ESPRIT-like 算法，该算法无须采用酉变换就能实现将阵列接收数据转换成实数据的目的，但是由于在构造收发选择矩阵时，构造的矩阵的维数分别为 $(N-2)\times N$ 和 $(M-2)\times M$，所以该算法在收发端都会损失 2 个阵元。为了进一步增大阵列孔径，这里给出一种接收阵列旋转不变因子为正切函数，发射阵列旋转不变因子为余弦函数的 ESPRIT-like 算法。

6.4.1　ESPRIT-like2 算法原理

将 $\boldsymbol{y}_{R}(t)$ 和 $\boldsymbol{y}_{I}(t)$ 进行链接，可以构造一个 $2MN$ 维的双基地 MIMO 雷达非圆信号虚拟阵列数据矢量，即

$$\boldsymbol{z}(t)=\begin{bmatrix}\boldsymbol{y}_{R}(t)\\ \boldsymbol{y}_{I}(t)\end{bmatrix}=\boldsymbol{C\alpha}(t)+\boldsymbol{n}_{z}(t)=[\boldsymbol{C}_{r}*\boldsymbol{A}_{t1}+\widetilde{\boldsymbol{C}}_{r}*\boldsymbol{A}_{t2}]\boldsymbol{\alpha}(t)+\boldsymbol{n}_{z}(t)\tag{6-27}$$

式中，

$$\boldsymbol{C}_{r}=\begin{bmatrix}\boldsymbol{A}_{r1}\\ \boldsymbol{A}_{r2}\end{bmatrix}=[\boldsymbol{c}_{r}(\theta_{1}),\cdots,\boldsymbol{c}_{r}(\theta_{P})]\;;$$

$$\boldsymbol{c}_{r}(\theta_{p})=[\boldsymbol{a}_{r1}^{T}(\theta_{p})\quad \boldsymbol{a}_{r2}^{T}(\theta_{p})]^{T}\;;$$

$$\widetilde{\boldsymbol{C}}_{r}=\begin{bmatrix}-\boldsymbol{A}_{r2}\\ \boldsymbol{A}_{r1}\end{bmatrix}=[\widetilde{\boldsymbol{c}}_{r}(\theta_{1}),\cdots,\widetilde{\boldsymbol{c}}_{r}(\theta_{P})]\;;$$

$$\widetilde{\boldsymbol{c}}_{r}(\theta_{p})=[-\boldsymbol{a}_{r2}^{T}(\theta_{p})\quad \boldsymbol{a}_{r1}^{T}(\theta_{p})]^{T}\;;$$

$$\boldsymbol{n}_{z}(t)=\begin{bmatrix}\boldsymbol{n}_{R}(t)\\ \boldsymbol{n}_{I}(t)\end{bmatrix}。$$

$z(t)$ 的数据协方差矩阵可表示为

$$\boldsymbol{R}_z=\mathrm{E}[\boldsymbol{z}(t)\boldsymbol{z}^{\mathrm{H}}(t)]=\boldsymbol{C}\boldsymbol{R}_{\boldsymbol{\alpha}}\boldsymbol{C}^{\mathrm{H}}+\widetilde{\boldsymbol{R}}_{\boldsymbol{n}} \tag{6-28}$$

式中，$\widetilde{\boldsymbol{R}}_{\boldsymbol{n}}=\mathrm{E}[\boldsymbol{n}_z(t)\boldsymbol{n}_z^{\mathrm{T}}(t)]=\dfrac{\sigma_n^2}{2}\boldsymbol{I}_{2MN}$。

定义如下的两个 $2(N-1)\times 2N$ 维的选择矩阵 $\boldsymbol{T}_{\mathrm{r1}}$ 和 $\boldsymbol{T}_{\mathrm{r2}}$：

$$\boldsymbol{T}_{\mathrm{r1}}=\begin{bmatrix}\boldsymbol{H}_{\mathrm{r1}} & \boldsymbol{O}_{(N-1)N}\\ \boldsymbol{O}_{(N-1)N} & \boldsymbol{H}_{\mathrm{r1}}\end{bmatrix} \tag{6-29}$$

$$\boldsymbol{T}_{\mathrm{r2}}=\begin{bmatrix}\boldsymbol{O}_{(N-1)N} & -\boldsymbol{H}_{\mathrm{r2}}\\ \boldsymbol{H}_{\mathrm{r2}} & \boldsymbol{O}_{(N-1)N}\end{bmatrix} \tag{6-30}$$

式中，$\boldsymbol{H}_{\mathrm{r1}}=\begin{bmatrix}1 & 1 & 0 & 0 & \cdots & 0\\ 0 & 1 & 1 & 0 & \cdots & 0\\ \vdots & \vdots & \vdots & \vdots & & \vdots\\ 0 & 0 & 0 & 0 & \cdots & 1\end{bmatrix}_{(N-1)\times N}$。

$$\boldsymbol{H}_{\mathrm{r2}}=\begin{bmatrix}1 & -1 & 0 & 0 & \cdots & 0\\ 0 & 1 & -1 & 0 & \cdots & 0\\ \vdots & \vdots & \vdots & \vdots & & \vdots\\ 0 & 0 & 0 & 0 & \cdots & -1\end{bmatrix}_{(N-1)\times N}$$

注意到

$$\left.\begin{aligned}(\cos a+\cos b)&=2\cos\left(\frac{a-b}{2}\right)\cos\left(\frac{a+b}{2}\right)\\ (\sin a+\sin b)&=2\cos\left(\frac{a-b}{2}\right)\sin\left(\frac{a+b}{2}\right)\\ (\cos a-\cos b)&=2\sin\left(\frac{b-a}{2}\right)\sin\left(\frac{a+b}{2}\right)\\ (\sin a-\sin b)&=2\sin\left(\frac{a-b}{2}\right)\cos\left(\frac{a+b}{2}\right)\end{aligned}\right\} \tag{6-31}$$

将 $\boldsymbol{T}_{\mathrm{r1}}$ 和 $\boldsymbol{T}_{\mathrm{r2}}$ 分别与 $\boldsymbol{c}_{\mathrm{r}}(\theta_p)$ 和 $\widetilde{\boldsymbol{c}}_{\mathrm{r}}(\theta_p)$ 相乘可得到如下的关系式：

$$\left.\begin{aligned}\boldsymbol{T}_{\mathrm{r1}}\boldsymbol{c}_{\mathrm{r}}(\theta_p)&=\cos\left(\frac{\pi\sin\theta_p}{2}\right)\boldsymbol{d}_{\mathrm{r}}(\theta_p)\\ \boldsymbol{T}_{\mathrm{r2}}\boldsymbol{c}_{\mathrm{r}}(\theta_p)&=\sin\left(\frac{\pi\sin\theta_p}{2}\right)\boldsymbol{d}_{\mathrm{r}}(\theta_p)\end{aligned}\right\} \tag{6-32}$$

$$\left.\begin{aligned}\boldsymbol{T}_{\mathrm{r1}}\widetilde{\boldsymbol{c}}_{\mathrm{r}}(\theta_p)&=\cos\left(\frac{\pi\sin\theta_p}{2}\right)\widetilde{\boldsymbol{d}}_{\mathrm{r}}(\theta_p)\\ \boldsymbol{T}_{\mathrm{r2}}\widetilde{\boldsymbol{c}}_{\mathrm{r}}(\theta_p)&=\sin\left(\frac{\pi\sin\theta_p}{2}\right)\widetilde{\boldsymbol{d}}_{\mathrm{r}}(\theta_p)\end{aligned}\right\} \tag{6-33}$$

式中

$$\boldsymbol{d}_{\mathrm{r}}(\theta_p)=\left[2\cos\left(\frac{\pi\sin\theta_p+2\phi_p}{2}\right),\cdots,2\cos\left(\frac{(2N-3)\pi\sin\theta_p+2\phi_p}{2}\right),\right.$$
$$\left.2\sin\left(\frac{\pi\sin\theta_p+2\phi_p}{2}\right),\cdots,2\sin\left(\frac{(2N-3)\pi\sin\theta_p+2\phi_p}{2}\right)\right]^{\mathrm{T}}$$

$$\tilde{\boldsymbol{d}}_{\mathrm{r}}(\theta_p)=\left[-2\sin\left(\frac{\pi\sin\theta_p+\phi_p}{2}\right),\cdots,-2\sin\left(\frac{(2N-3)\pi\sin\theta_p+\phi_p}{2}\right),\right.$$
$$\left.2\cos\left(\frac{\pi\sin\theta_p+\phi_p}{2}\right),\cdots,2\cos\left(\frac{(2N-3)\pi\sin\theta_p+\phi_p}{2}\right)\right]^{\mathrm{T}}$$

根据式(6-32)和式(6-33),可以分别得到如下关系式:

$$\boldsymbol{T}_{\mathrm{r}2}\boldsymbol{c}_{\mathrm{r}}(\theta_p)=\tan\left(\frac{\pi\sin\theta_p}{2}\right)\boldsymbol{T}_{\mathrm{r}1}\boldsymbol{c}_{\mathrm{r}}(\theta_p) \tag{6-34}$$

$$\boldsymbol{T}_{\mathrm{r}2}\tilde{\boldsymbol{c}}_{\mathrm{r}}(\theta_p)=\tan\left(\frac{\pi\sin\theta_p}{2}\right)\boldsymbol{T}_{\mathrm{r}1}\tilde{\boldsymbol{c}}_{\mathrm{r}}(\theta_p) \tag{6-35}$$

定义接收阵列选择矩阵为

$$\tilde{\boldsymbol{T}}_{\mathrm{r}1}=\boldsymbol{T}_{\mathrm{r}1}\otimes\boldsymbol{I}_M \tag{6-36}$$

$$\tilde{\boldsymbol{T}}_{\mathrm{r}2}=\boldsymbol{T}_{\mathrm{r}2}\otimes\boldsymbol{I}_M \tag{6-37}$$

因此,可以得到如下的接收旋转不变特性:

$$\tilde{\boldsymbol{T}}_{\mathrm{r}2}\boldsymbol{C}=\tilde{\boldsymbol{T}}_{\mathrm{r}1}\boldsymbol{C}\boldsymbol{\Phi}_{\mathrm{zr}} \tag{6-38}$$

式中,$\boldsymbol{\Phi}_{\mathrm{zr}}=\mathrm{diag}\left[\tan\left(\frac{\pi\sin\theta_1}{2}\right),\tan\left(\frac{\pi\sin\theta_2}{2}\right),\cdots,\tan\left(\frac{\pi\sin\theta_P}{2}\right)\right]$。

与上一节的旋转不变因子为余弦函数的 ESPRIT-like 算法相同,为了得到发射阵列的旋转不变因子,这里同样定义如下发射选择矩阵:

$$\tilde{\boldsymbol{T}}_{\mathrm{t}1}=\boldsymbol{I}_{2N}\otimes\boldsymbol{J}_{\mathrm{t}1} \tag{6-39}$$

$$\tilde{\boldsymbol{T}}_{\mathrm{t}2}=\boldsymbol{I}_{2N}\otimes\boldsymbol{J}_{\mathrm{t}2} \tag{6-40}$$

式中

$$\boldsymbol{J}_{\mathrm{t}1}=\begin{bmatrix}0&1&0&0&\cdots&0\\0&0&1&0&\cdots&0\\\vdots&\vdots&\vdots&\vdots&&\vdots\\0&0&0&0&\cdots&0\end{bmatrix}_{(M-2)\times M} \tag{6-41}$$

$$\boldsymbol{J}_{\mathrm{t}2}=\frac{1}{2}\begin{bmatrix}1&0&1&0&\cdots&0\\0&1&0&1&\cdots&0\\\vdots&\vdots&\vdots&\vdots&&\vdots\\0&0&0&1&\cdots&1\end{bmatrix}_{(M-2)\times M} \tag{6-42}$$

同理,可以得到如下的发射旋转不变特性:

$$\tilde{\boldsymbol{T}}_{t2}\boldsymbol{C}=\tilde{\boldsymbol{T}}_{t1}\boldsymbol{C}\boldsymbol{\Phi}_{zt} \tag{6-43}$$

式中,$\boldsymbol{\Phi}_{zt}=\mathrm{diag}[\cos(\pi\sin\varphi_1),\cos(\pi\sin\varphi_2),\cdots,\cos(\pi\sin\varphi_P)]$。

对 $\boldsymbol{R}_z$ 进行特征值分解或者奇异值分解即可得到其信号子空间 $\boldsymbol{U}_{zs}$。根据子空间理论,我们知道 $\boldsymbol{U}_{zs}$ 和 $\boldsymbol{C}$ 之间满足如下关系式:

$$\boldsymbol{U}_{zs}=\boldsymbol{C}\boldsymbol{T} \tag{6-44}$$

其中,$\boldsymbol{T}$ 是一个唯一的非奇异矩阵。

如果令 $\boldsymbol{U}_{zr1}=\tilde{\boldsymbol{T}}_{r1}\boldsymbol{U}_{zs}$,$\boldsymbol{U}_{zr2}=\tilde{\boldsymbol{T}}_{r2}\boldsymbol{U}_{zs}$,$\boldsymbol{U}_{zt1}=\tilde{\boldsymbol{T}}_{t1}\boldsymbol{U}_{zs}$ 及 $\boldsymbol{U}_{zt2}=\tilde{\boldsymbol{T}}_{t2}\boldsymbol{U}_{zs}$,那么根据式(6-38)、式(6-43)和式(6-44),可以得到以下关系式:

$$\boldsymbol{U}_{zr2}=\boldsymbol{U}_{zr1}\boldsymbol{\Psi}_{zr} \tag{6-45}$$

$$\boldsymbol{U}_{zt2}=\boldsymbol{U}_{zt1}\boldsymbol{\Psi}_{zt} \tag{6-46}$$

式中,$\boldsymbol{\Psi}_{zr}=\boldsymbol{T}^{-1}\boldsymbol{\Phi}_{zr}\boldsymbol{T}$,$\boldsymbol{\Psi}_{zt}=\boldsymbol{T}^{-1}\boldsymbol{\Phi}_{zt}\boldsymbol{T}$ 。

因此,$\boldsymbol{U}_{zr1}$ 和 $\boldsymbol{U}_{zr2}$,$\boldsymbol{U}_{zt1}$ 和 $\boldsymbol{U}_{zt2}$ 之间具有如下关系:

$$\boldsymbol{U}_{zr1}^{\#}\boldsymbol{U}_{zr2}=\boldsymbol{\Psi}_{zr}=\boldsymbol{T}^{-1}\boldsymbol{\Phi}_{zr}\boldsymbol{T} \tag{6-47}$$

$$\boldsymbol{U}_{zt1}^{\#}\boldsymbol{U}_{zt2}=\boldsymbol{\Psi}_{zt}=\boldsymbol{T}^{-1}\boldsymbol{\Phi}_{zt}\boldsymbol{T} \tag{6-48}$$

对 $\boldsymbol{\Psi}_{zr}$ 进行特征值分解可得其特征值和特征向量分别为 $\hat{\lambda}_{r1},\hat{\lambda}_{r2},\cdots,\hat{\lambda}_{rP}$ 和 $\hat{\gamma}_1,\hat{\gamma}_2,\cdots,\hat{\gamma}_P$,所以可得对目标 DOA 的估计值为

$$\hat{\theta}_p=\arcsin\{\arctan[2\hat{\lambda}_{rp}/\pi]\},p=1,2,\cdots,P \tag{6-49}$$

式中,arcsin(•) 表示求反正弦,arctan(•) 表示求反正切。

根据式(6-47)和式(6-48)可知,目标相同时 $\boldsymbol{\Psi}_{zr}$ 与 $\boldsymbol{\Psi}_{zt}$ 的特征向量也相同,所以 $\boldsymbol{\Psi}_{zt}$ 的特征值可表示为

$$\hat{\lambda}_{tp}=\hat{\gamma}_p^{H}\boldsymbol{\Psi}_{zt}\hat{\gamma}_p,p=1,2,\cdots,P \tag{6-50}$$

从而可得对目标 DOD 的估计值为

$$\tilde{\varphi}_p=\arcsin\{\arccos[\hat{\lambda}_{tp}/\pi]\},p=1,2,\cdots,P \tag{6-51}$$

同样,该算法所估计得到的 DOD 也会存在镜像角度,这里仍然采用 MLE 方法来选择目标正确的 DOD,其最大似然函数如下:

$$(\hat{\theta}_p,\hat{\varphi}_p)=\arg\max_{\varphi}\|\boldsymbol{a}^{H}(\theta,\varphi)\boldsymbol{X}\|^2,(\theta,\varphi)\in(\hat{\theta}_p,\tilde{\varphi}_p)$$

$$\text{或}(\hat{\theta}_p,-\tilde{\varphi}_p)\ (p=1,2,\cdots,P) \tag{6-52}$$

从上面的算法描述过程,可以看出:该算法最大可估计的目标数为 $\min[2M(N-1),2N(M-2)]$。

6.4.2　ESPRIT-like2 算法步骤

根据上面的分析过程，将旋转因子为正切和余弦函数的 ESPRIT-like 算法的步骤总结如下：

Step 1：根据式(6－2)，利用 L 个脉冲周期匹配滤波器形成双基地 MIMO 雷达的接收数据矩阵 $\boldsymbol{x}(t_l)$，$l=1,2,\cdots,L$；

Step 2：由式(6－3)构造得到实部 $\boldsymbol{y}_{\mathrm{R}}(t_l)$ 和虚部 $\boldsymbol{y}_{\mathrm{I}}(t_l)$，并将 $\boldsymbol{y}_{\mathrm{R}}(t_l)$ 和 $\boldsymbol{y}_{\mathrm{I}}(t_l)$ 链接得到 $\boldsymbol{z}(t_l)$；

Step 3：计算 $\boldsymbol{z}(t_l)$ 协方差矩阵，即 $\boldsymbol{R}_z=\sum_{l=1}^{L}\boldsymbol{z}(t_l)\boldsymbol{z}^{\mathrm{H}}(t_l)$，并对其进行特征值分解得到信号子空间 $\boldsymbol{U}_{zs}$；

Step 4：分别构造接收和发射选择矩阵，利用构造的选择矩阵和 $\boldsymbol{U}_{zs}$ 分别得到 $\boldsymbol{U}_{zr1}$，$\boldsymbol{U}_{zr2}$ 和 $\boldsymbol{U}_{zt1}$，$\boldsymbol{U}_{zt2}$；

Step 5：由 $\boldsymbol{U}_{zr1}$，$\boldsymbol{U}_{zr2}$ 和 $\boldsymbol{U}_{zt1}$，$\boldsymbol{U}_{zt2}$ 分别得到 $\boldsymbol{\Psi}_{zr}$ 和 $\boldsymbol{\Psi}_{zt}$，并对 $\boldsymbol{\Psi}_{zr}$ 进行特征值分解，根据式(6－49)得到 DOA 的估计值；

Step 6：根据式(6－50)和式(6－51)可得到对 DOD 的估计值，并采用式(6－52)来解决 DOD 的镜像模糊问题。

6.5　ESPRIT-like 算法性能分析与讨论

为了便于描述，称 6.3 节给出的旋转不变因子为余弦函数的算法为 ESPRIT-like1，6.4 节给出的旋转不变因子为正切和余弦函数的算法为 ESPRIT-like2。下面将通过运算量、克拉美-罗界两个方面来分析讨论算法的性能。

6.5.1　运算复杂度比较

本章给出的两种算法的计算量主要体现在回波协方差矩阵求解、协方差矩阵特征值分解、$\boldsymbol{\Psi}_y$ 和 $\boldsymbol{\Psi}_{zr}$ 矩阵的特征值分解以及消除角度模糊上。对于 ESPRIT-like1 算法来说，计算协方差矩阵 $\boldsymbol{R}_y$ 并对其进行特征值分解需要进行 $O\{M^2N^2L\}+O\{M^3N^3\}$ 次实数乘法，构造 $\boldsymbol{\Psi}_{yr}$ 和 $\boldsymbol{\Psi}_{yt}$ 各需要 $O\{2P^2M(N-2)\}$ 和 $O\{2P^2N(M-2)\}$ 次实数乘法，对 $\boldsymbol{\Psi}_y$ 进行特征值分解需要 $4\times O\{6P^3\}$ 次实数乘法，而消除角度模糊则需要 $4\times O\{(MNL+L)\}$ 次实数乘法。因此，ESPRIT-like1 算法总的运算量为

$O\{M^2N^2L+M^3N^3+2P^2M(N-2)+2P^2N(M-2)+24P^3+4(MNL+L)\}$ 次实数乘法。而对于 ESPRIT-like2 算法来说，如果脉冲数为 L，那么 $z(t_l)$，$l=1,2,\cdots,L$ 的维数为 $2MN\times L$，所以计算协方差矩阵 $\boldsymbol{R}_z$ 并对其进行特征值分解需要进行 $O\{(2MN)^2L\}+O\{(2MN)^3\}$ 次实数乘法，构造 $\boldsymbol{\Psi}_{zr}$ 和 $\boldsymbol{\Psi}_{zt}$ 各需要 $O\{2P^2M(2N-2)\}$ 和 $O\{2P^2(2N)(M-2)\}$ 次实数乘法，对 $\boldsymbol{\Psi}_{zr}$ 进行特征值分解需要 $O\{6P^3\}$ 次实数乘法，计算 $\boldsymbol{\Psi}_{zt}$ 特征值需要 $O\{P^3+P^2\}$ 次实数乘法，而消除角度模糊则需要 $O\{2MNL+L\}$ 次实数乘法。因此，$O\{8M^2N^2L+8M^3N^3+4P^2M(N-1)+4P^2N(M-2)+7P^3+P^2+2MNL+L\}$ 次实数乘法为 ESPRIT-like2 算法总的运算量。

根据上面的计算方式，同样可以得到：文献[178]中 ESPRIT 算法的总运算量为 $O\{4M^2N^2L+4M^3N^3+8P^2M(N-1)+8P^2N(M-1)+24P^3\}$ 次实数乘法；文献[179]中的 U-ESPRIT 算法的总运算量为 $O\{4MNL(MN+2L)+2M^2N^2L+M^3N^3+2P^2M(N-1)+2P^2N(M-1)+24P^3\}$ 次实数乘法；文献[172]中的 CU-ESPRIT 算法的总运算量为 $O\{4MNL(MN+2L)+4M^2N^2L+8M^3N^3+2P^2(M-1)N+6P^3+2(N-1)^3+2N^3M+4MN^2(2MN-P+1)\}$ 次实数乘法；文献[173]中的基于传播算子的 PM-CU-ESPRIT算法的总运算量为 $O\{16M^2N^2L+16PM^2N^2+4P^2(M-1)N+4P^2(N-1)M+12P^3\}$ 次实数乘法。

为了直观地看出上述几种算法运算量的大小情况，图 6.1 给出了收发阵元相等且从 3 变化到 15 时，上述 6 种算法的运算量比值随收发阵元数变化曲线。仿真过程中令目标数 $P=2$，脉冲数 $L=100$。

从图 6.1 中可以看出，ESPRIT-like1 算法的运算量最低，这是因为该算法只涉及实数运算且没有阵列孔径的扩展，而其他算法除了 ESPRIT 算法外，都利用非圆信号的特性扩展了阵列孔径。此外，ESPRIT-like2 算法虽然将阵列孔径扩展了一倍，但是由于只涉及实数运算，所以整体运算量也比较低。

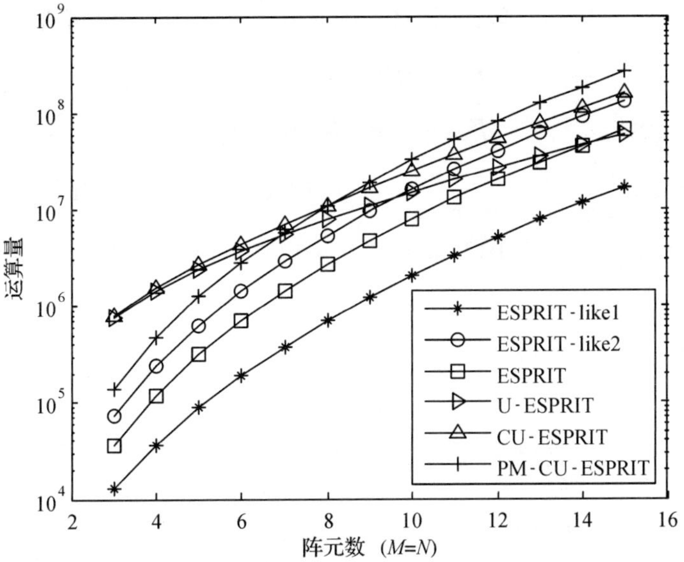

图 6.1　算法运算量随收发阵元数变化比较曲线

6.5.2　算法 CRB 分析

目标角度估计的克拉美-罗界(CRB)给出了无偏参数估计协方差矩阵的下界。为了计算收发方位角联合估计对应的 CRB 表达式,把 DOD 和 DOA 看作一组随机变量,此时共有 $2P$ 个未知参数(分别为 P 个 DOD,P 个 DOA),可写成矢量形式为

$$\boldsymbol{\eta}=[\varphi_1,\varphi_2,\cdots,\varphi_P,\theta_1,\theta_2,\cdots,\theta_P]^{\mathrm{T}} \tag{6-53}$$

假设阵列数据 $\boldsymbol{y}(t_l)$ 和 $\boldsymbol{z}(t_l)$ 是一个零均值的复高斯矢量,则目标二维方位参数联合估计对应的 CRB 可由下式表示:

$$\mathrm{E}[(\hat{\boldsymbol{\eta}}-\boldsymbol{\eta}_0)(\hat{\boldsymbol{\eta}}-\boldsymbol{\eta}_0)^{\mathrm{T}}]\geqslant \boldsymbol{CRB}=\boldsymbol{F}^{-1} \tag{6-54}$$

式中,$\boldsymbol{F}$ 为 $2P\times 2P$ 阶 Fisher 信息矩阵,可分块表示为

$$\boldsymbol{F}=\begin{bmatrix}\boldsymbol{F}_{\varphi\varphi} & \boldsymbol{F}_{\varphi\theta}\\ \boldsymbol{F}_{\theta\varphi} & \boldsymbol{F}_{\theta\theta}\end{bmatrix} \tag{6-55}$$

式中,$\boldsymbol{F}_{\varphi\varphi}$ 为 DOD 估计块;$\boldsymbol{F}_{\theta\theta}$ 为 DOA 估计块。

根据文献[180],与 DOA 相关的矩阵块 $\boldsymbol{F}_{\theta\theta}$ 可以写为

$$\boldsymbol{F}_{\theta\theta}=2L\,\mathrm{Re}(\dot{\boldsymbol{K}}_\theta^{\mathrm{H}}\boldsymbol{R}_{\boldsymbol{n}}^{-1}\dot{\boldsymbol{K}}_\theta\odot\boldsymbol{R}_{\boldsymbol{\alpha}}) \tag{6-56}$$

对于 ESPRIT-like1 算法来说,$\boldsymbol{R}_{\boldsymbol{n}}=\sigma_n^2\boldsymbol{I}_{MN}$;而对于 ESPRIT-like2 算法

来说，其 $\boldsymbol{R}_n=\frac{\sigma_n^2}{2}\boldsymbol{I}_{2MN}$ 。因此，针对上述两种算法，式(6-56)可进一步写成

$$\boldsymbol{F}_{\theta\theta}=2L\mathrm{Re}(\dot{\boldsymbol{K}}_\theta^{\mathrm{H}}\dot{\boldsymbol{K}}_\theta)\odot\boldsymbol{Q} \tag{6-57}$$

$$\boldsymbol{F}_{\theta\theta}=4L\mathrm{Re}(\dot{\boldsymbol{K}}_\theta^{\mathrm{H}}\dot{\boldsymbol{K}}_\theta)\odot\boldsymbol{Q} \tag{6-58}$$

式中，$\boldsymbol{Q}=\mathrm{diag}\left[\frac{P_1}{\sigma_n^2},\frac{P_2}{\sigma_n^2},\cdots,\frac{P_P}{\sigma_n^2}\right]=\mathrm{diag}[\mathrm{SNR}_1,\mathrm{SNR}_2,\cdots,\mathrm{SNR}_P]$ 。而 $\dot{\boldsymbol{K}}_\theta$ 对于 ESPRIT-like1 和 ESPRIT-like2 算法来说是不同的，这里分别给出它们的表达式：

$$\dot{\boldsymbol{K}}_\theta=\left[\frac{\partial \boldsymbol{b}_{\mathrm{r}}(\theta_1)}{\partial\theta_1}\otimes\boldsymbol{a}_{\mathrm{t1}}(\varphi_1)+\frac{\partial\tilde{\boldsymbol{b}}_{\mathrm{r}}(\theta_1)}{\partial\theta_1}\otimes\boldsymbol{a}_{\mathrm{t2}}(\varphi_1),\cdots,\right.$$
$$\left.\frac{\partial \boldsymbol{b}_{\mathrm{r}}(\theta_P)}{\partial\theta_P}\otimes\boldsymbol{a}_{\mathrm{t1}}(\varphi_P)+\frac{\partial\tilde{\boldsymbol{b}}_{\mathrm{r}}(\theta_P)}{\partial\theta_P}\otimes\boldsymbol{a}_{\mathrm{t2}}(\varphi_P)\right] \tag{6-59}$$

$$\dot{\boldsymbol{K}}_\theta=\left[\frac{\partial \boldsymbol{c}_{\mathrm{r}}(\theta_1)}{\partial\theta_1}\otimes\boldsymbol{a}_{\mathrm{t1}}(\varphi_1)+\frac{\partial\tilde{\boldsymbol{c}}_{\mathrm{r}}(\theta_1)}{\partial\theta_1}\otimes\boldsymbol{a}_{\mathrm{t2}}(\varphi_1),\cdots,\right.$$
$$\left.\frac{\partial \boldsymbol{c}_{\mathrm{r}}(\theta_P)}{\partial\theta_P}\otimes\boldsymbol{a}_{\mathrm{t1}}(\varphi_P)+\frac{\partial\tilde{\boldsymbol{c}}_{\mathrm{r}}(\theta_P)}{\partial\theta_P}\otimes\boldsymbol{a}_{\mathrm{t2}}(\varphi_P)\right] \tag{6-60}$$

同理，与 DOA 相关的矩阵块 $\boldsymbol{F}_{\varphi\varphi}$ 以及交叉矩阵块可以写为

$$\left.\begin{aligned}\boldsymbol{F}_{\varphi\varphi}&=2L\mathrm{Re}(\dot{\boldsymbol{K}}_\varphi^{\mathrm{H}}\dot{\boldsymbol{K}}_\varphi)\odot\boldsymbol{Q}\\ \boldsymbol{F}_{\varphi\varphi}&=4L\mathrm{Re}(\dot{\boldsymbol{K}}_\varphi^{\mathrm{H}}\dot{\boldsymbol{K}}_\varphi)\odot\boldsymbol{Q}\end{aligned}\right\} \tag{6-61}$$

$$\left.\begin{aligned}\boldsymbol{F}_{\theta\varphi}&=2L\mathrm{Re}(\dot{\boldsymbol{K}}_\theta^{\mathrm{H}}\dot{\boldsymbol{K}}_\varphi)\odot\boldsymbol{Q}\\ \boldsymbol{F}_{\theta\varphi}&=4L\mathrm{Re}(\dot{\boldsymbol{K}}_\theta^{\mathrm{H}}\dot{\boldsymbol{K}}_\varphi)\odot\boldsymbol{Q}\end{aligned}\right\} \tag{6-62}$$

$$\left.\begin{aligned}\boldsymbol{F}_{\varphi\theta}&=2L\mathrm{Re}(\dot{\boldsymbol{K}}_\varphi^{\mathrm{H}}\dot{\boldsymbol{K}}_\theta)\odot\boldsymbol{Q}\\ \boldsymbol{F}_{\varphi\theta}&=4L\mathrm{Re}(\dot{\boldsymbol{K}}_\varphi^{\mathrm{H}}\dot{\boldsymbol{K}}_\theta)\odot\boldsymbol{Q}\end{aligned}\right\} \tag{6-63}$$

式中，对于 ESPRIT-like1 算法来说，$\dot{\boldsymbol{K}}_\varphi$ 为

$$\dot{\boldsymbol{K}}_\varphi=\left[\boldsymbol{b}_{\mathrm{r}}(\theta_1)\otimes\frac{\partial\boldsymbol{a}_{\mathrm{t1}}(\varphi_1)}{\partial\varphi_1}+\tilde{\boldsymbol{b}}_{\mathrm{r}}(\theta_1)\otimes\frac{\partial\boldsymbol{a}_{\mathrm{t2}}(\varphi_1)}{\partial\varphi_1},\cdots,\right.$$
$$\left.\boldsymbol{b}_{\mathrm{r}}(\theta_P)\otimes\frac{\partial\boldsymbol{a}_{\mathrm{t1}}(\varphi_P)}{\partial\varphi_P}+\tilde{\boldsymbol{b}}_{\mathrm{r}}(\theta_P)\otimes\frac{\partial\boldsymbol{a}_{\mathrm{t2}}(\varphi_P)}{\partial\varphi_P}\right] \tag{6-64}$$

对于 ESPRIT-like2 算法来说，$\dot{\boldsymbol{K}}_\varphi$ 为

$$\dot{\boldsymbol{K}}_\varphi=\left[\boldsymbol{c}_{\mathrm{r}}(\theta_1)\otimes\frac{\partial\boldsymbol{a}_{\mathrm{t1}}(\varphi_1)}{\partial\varphi_1}+\tilde{\boldsymbol{c}}_{\mathrm{r}}(\theta_1)\otimes\frac{\partial\boldsymbol{a}_{\mathrm{t2}}(\varphi_1)}{\partial\varphi_1},\cdots,\right.$$

$$\boldsymbol{c}_{\mathrm{r}}(\theta_P)\otimes\frac{\partial\boldsymbol{a}_{\mathrm{t1}}(\varphi_P)}{\partial\varphi_P}+\tilde{\boldsymbol{c}}_{\mathrm{r}}(\theta_P)\otimes\frac{\partial\boldsymbol{a}_{\mathrm{t2}}(\varphi_P)}{\partial\varphi_P}\Bigg]\tag{6-65}$$

因此，由式(6－57)、式(6－58)、式(6－61)～式(6－63)可得 CRB 矩阵为

$$\boldsymbol{CRB}=\boldsymbol{F}^{-1}=(\boldsymbol{F}_{\theta\theta}-\boldsymbol{F}_{\theta\varphi}\boldsymbol{F}_{\varphi\varphi}^{-1}\boldsymbol{F}_{\varphi\theta})^{-1}=L\,(\boldsymbol{F}'_{\theta\theta}-\boldsymbol{F}'_{\theta\varphi}\boldsymbol{F}'^{-1}_{\varphi\varphi}\boldsymbol{F}'_{\varphi\theta})^{-1}*\boldsymbol{Q}^{-1}\tag{6-66}$$

式中，$\boldsymbol{F}'_{\theta\theta}=\mathrm{Re}(\dot{\boldsymbol{K}}_\theta^{\mathrm{H}}\dot{\boldsymbol{K}}_\theta)$，$\boldsymbol{F}'_{\varphi\varphi}=\mathrm{Re}(\dot{\boldsymbol{K}}_\varphi^{\mathrm{H}}\dot{\boldsymbol{K}}_\varphi)$，$\boldsymbol{F}'_{\theta\varphi}=\mathrm{Re}(\dot{\boldsymbol{K}}_\theta^{\mathrm{H}}\dot{\boldsymbol{K}}_\varphi)$，$\boldsymbol{F}'_{\varphi\theta}=\mathrm{Re}(\dot{\boldsymbol{K}}_\varphi^{\mathrm{H}}\dot{\boldsymbol{K}}_\theta)$。

通过观察式(6－66)，可以看出：随着目标信噪比和脉冲数的增大，目标的 CRB 下降。

6.6　计算机仿真结果

假设双基地 MIMO 雷达的发射信号为相互正交的脉冲信号，具体表达式为 $s_m(t)=\dfrac{1}{\sqrt{T}}\exp\left(\mathrm{j}2\pi\dfrac{m}{T}t\right)$，$m=1,2,\cdots,M$，通过 Monte-Carlo 实验的方法来评估算法的角度估计性能。

仿真 1：两种 ESPRIT-like 算法的角度估计结果

假设空间中存在 3 个非圆信号，其收发方位角分别为 $(\theta_1,\varphi_1)=(10°,20°)$，$(\theta_2,\varphi_2)=(-8°,30°)$，$(\theta_3,\varphi_3)=(-20°,-45°)$。令信噪比 SNR 为 10 dB，脉冲数 $L=100$，发射和接收阵列阵元数分别为 $M=8,N=6$。表 6.1 和表 6.2 分别给出了两种算法如何利用 MLE 方法来消除目标角度的镜像模糊的过程。图 6.2 给出了 ESPRIT-like1 算法的估计结果，图 6.3 给出了 ESPRIT-like2 算法的估计结果。图 6.2 和图 6.3 均为 50 次 Monte-Carlo 实验的统计结果。

表 6.1　ESPRIT-like1 算法角度模糊消除过程

式(6－24)和(6－25)估计的角度 \ 式(6－21)计算值		$\Vert \boldsymbol{a}^{\mathrm{H}}(\hat{\theta}'_p,\hat{\varphi}'_p)\boldsymbol{X}\Vert^2$，$p=1,2,3$	是否目标真实角度
$(\hat{\varphi}'_1,\hat{\theta}'_1)=(\pm10.062°,\pm20.034°)$	(10.062°,20.034°)	468.74	是
	(−10.062°,20.034°)	222.57	否
	(10.062°,−20.034°)	58.16	否
	(−10.062°,−20.034°)	58.62	否

续表

式(6-24) 和 (6-25)估计的角度 \ 式 (6-21)计算值		$\|\boldsymbol{a}^{\mathrm{H}}(\hat{\theta}'_p,\hat{\varphi}'_p)\boldsymbol{X}\|^2$, $p=1,2,3$	是否目标真实角度
$(\hat{\varphi}'_2,\hat{\theta}'_2)=(\pm 8.008°,\pm 30.000°)$	(8.008°,30.000°)	249.92	否
	(−8.008°,30.000°)	489.03	是
	(8.008°,−30.000°)	58.78	否
	(−8.008°,−30.000°)	24.49	否
$(\hat{\varphi}'_3,\hat{\theta}'_3)=(\pm 19.959°,\pm 45.056°)$	((19.959°,45.056°)	30.59	否
	(−19.959°,45.056°)	60.47	否
	(19.959°,−45.056°)	80.62	否
	(−19.959°,−45.056°)	556.99	是

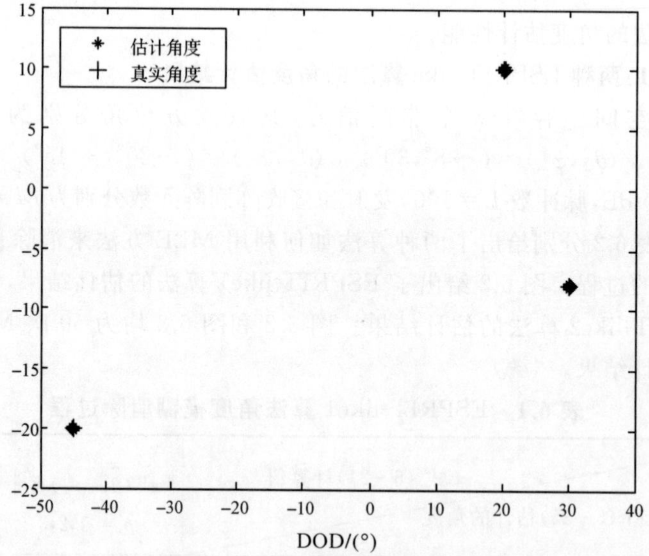

图 6.2 ESPRIT-like1 算法目标角度估计结果

表 6.2　ESPRIT-like2 算法角度模糊消除过程

式(6-49) 和(6-51)估计的角度 \ 式(6-52)计算值		$\|\boldsymbol{a}^{\mathrm{H}}(\hat{\theta}_p,\tilde{\varphi}_p)\boldsymbol{X}\|^2$，$p=1,2,3$	是否目标真实角度
$(\hat{\theta}_1,\tilde{\varphi}_1)=(10.062°,\pm 20.034°)$	(10.062°,20.034°)	1 445.2	是
	(−10.062°,20.034°)	251.1	否
$(\hat{\theta}_2,\tilde{\varphi}_2)=(-8.008°,\pm 30.000°)$	(−8.008°,30.000°)	1 434.1	是
	(−8.008°,−30.000°)	221.2	否
$(\hat{\theta}_3,\tilde{\varphi}_3)=(-20.025°,\pm 45.056°)$	(−20.025°,45.056°)	361.6	否
	(−20.025°,−45.056°)	1 349.8	是

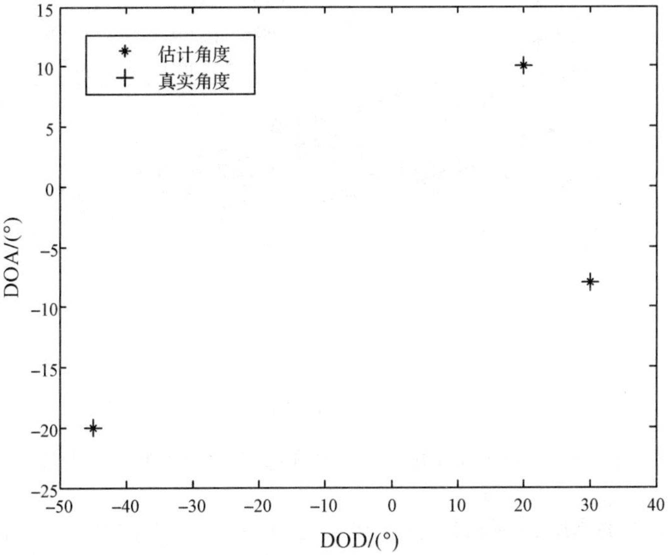

图 6.3　ESPRIT-like2 算法目标角度估计结果

从表 6.1、表 6.2 和图 6.2、图 6.3 可以看出，两种算法均可无模糊地估计出目标的角度，且可实现目标 DOD 和 DOA 的自动配对。

仿真 2：几种算法的统计性能随信噪比变化的情况

由于 ESPRIT 和 U-ESPRIT 算法都不是针对非圆信号提出的，所以在本仿真比较不同信噪比条件下，ESPRIT-like1，ESPRIT-like2，CU-ESPRIT 和 PM-CU-ESPRIT算法的统计性能。仿真条件同实验 1，信噪比 SNR 由 −10 dB变化到 20 dB 间隔 1 dB，图 6.4 仿真了 200 次 Monte-Carlo 实验时 4

种算法的 RMSE 随 SNR 变化的情况。定义对收发方位角估计的 RMSE 为 $\text{RMSE}(\varphi,\theta)=\sqrt{\frac{1}{P}\sum_{p=1}^{P}\text{E}[(\hat{\varphi}_p-\varphi_p)^2+(\hat{\theta}_p-\theta_p)^2]}$，其中 φ_p 为第 p 个目标 DOD 的真值，$\hat{\varphi}_p$ 为第 p 个目标 DOD 的估计值，θ_p 为第 p 个目标 DOA 的真值，$\hat{\theta}_p$ 为第 p 个目标 DOA 的估计值。图 6.4 中同时给出了 ESPRIT-like1 和 ESPRIT-like2 算法目标收发方位角估计的理论 CRB 曲线。

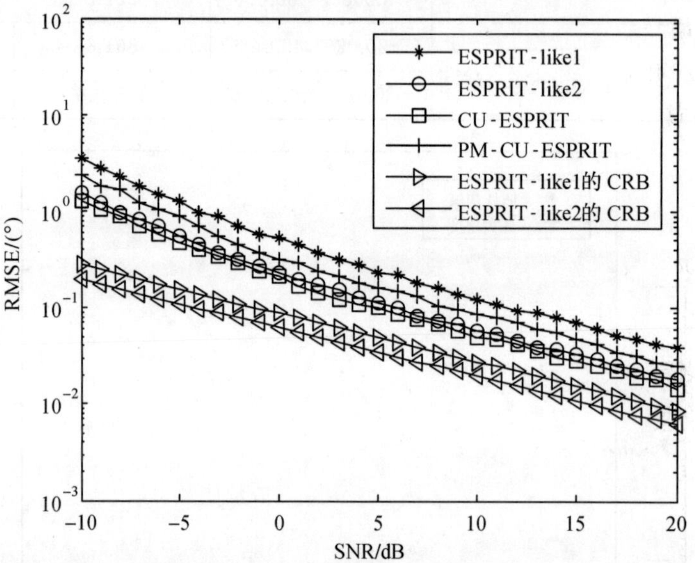

图 6.4　几种算法角度估计的 RMSE 随 SNR 变化比较曲线

从图 6.4 的 Monte-Carlo 实验结果可以看出：ESPRIT-like1 算法对目标角度估计的 RMSE 要大于其他的几种算法，这是因为 ESPRIT-like2 算法等 3 种算法相比于 ESPRIT-like1 算法可将有效阵元数增大两倍左右，增大收发阵列的有效孔径，从而使得其角度估计性能得到提高，但应该注意到 ESPRIT-like1 算法的运算量在几种算法中也是最小的。而 ESPRIT-like2 算法的统计性能与 CU-ESPRIT 算法基本相当。同时可以看出：ESPRIT-like2 算法的 CRB 要小于 ESPRIT-like1 算法的 CRB，这也是收发阵列孔径增大带来的好处。

仿真 3：几种算法的估计性能随脉冲数 L 变化的情况

在脉冲数不同的前提下，设置相应的仿真条件比较 ESPRIT-like1，

ESPRIT-like2,CU-ESPRIT 和 PM-CU-ESPRIT 算法的统计性能。仿真条件同实验 1,脉冲数从 5 按步长 5 变化到 200,如图 6.5 所示为仿真了 200 次 Monte-Carlo 实验时 4 种算法的 RMSE 随脉冲数变化的情况。如图 6.5 所示为仿真了 ESPRIT-like1 和 ESPRIT-like2 算法收发方位角估计的理论 CRB 曲线。

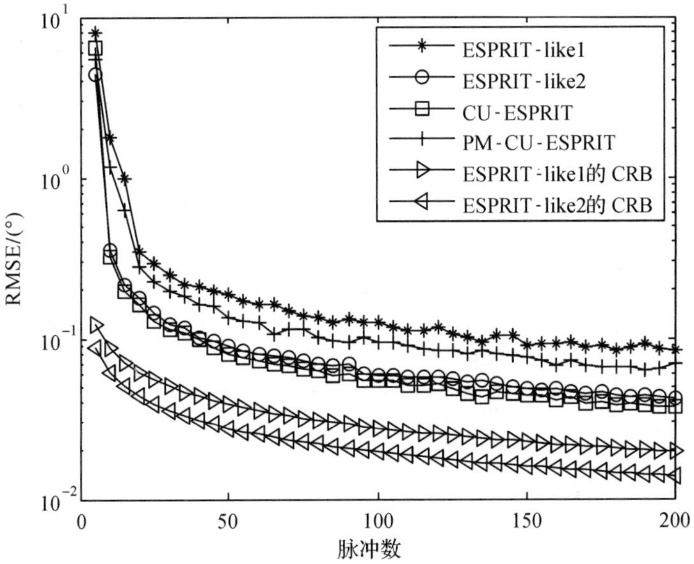

图 6.5　几种算法角度估计的 RMSE 随 L 变化比较曲线

从 Monte-Carlo 实验的结果可以看出,目标角度估计的 RMSE 随着脉冲数 L 的增大而减小,各种算法的 RMSE 变化规律与前面仿真 2 是一致的。

仿真 4:给出的两种算法的最大可估计目标数

本仿真旨在对比给出的两种算法的最大可估计目标数。假设空间中存在 4 个非圆信号,其收发方位角分别为 $(\theta_1,\varphi_1)=(10°,20°)$,$(\theta_2,\varphi_2)=(-8°,30°)$,$(\theta_3,\varphi_3)=(-20°,-45°)$,$(\theta_4,\varphi_4)=(30°,-15°)$。令信噪比 SNR 为 10 dB,脉冲数 $L=100$,发射和接收阵列阵元数分别为 $M=3$,$N=2$。图 6.6 给出了 ESPRIT-like1 算法的角度估计结果,图 6.7 给出了 ESPRIT-like2 算法的角度估计结果。

根据前面的分析,ESPRIT-like1 算法最大可估计目标数为 $\min[M(N-2),N(M-2)]$,而 ESPRIT-like2 算法最大可估计目标数为 $\min[2M(N-1),2N(M-2)]$。将收发阵元数代入可知:ESPRIT-like1 算法最大可估计目标数为 0(这意味着该算法此时不能正确估计目标角度),

而 ESPRIT-like2 算法最大可估计目标数为 4，这点从图 6.6 和图 6.7 就可直观看出。这一仿真也验证了关于两种算法最大可估计目标数分析的正确性。

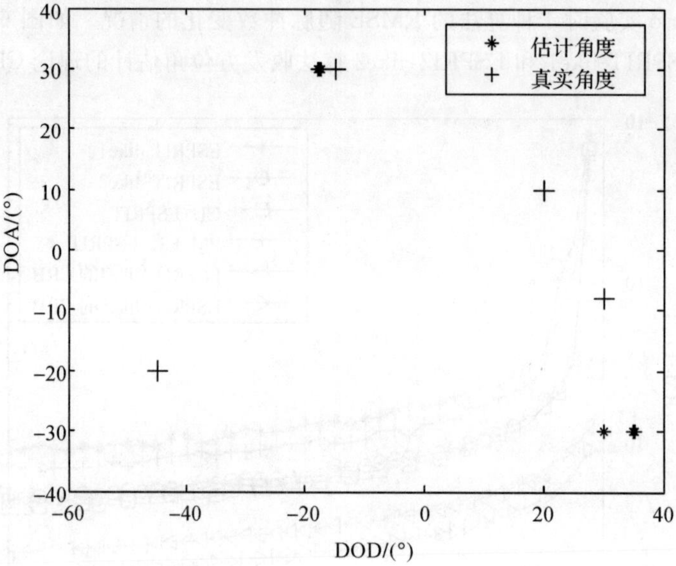

图 6.6　ESPRIT-like1 算法估计结果

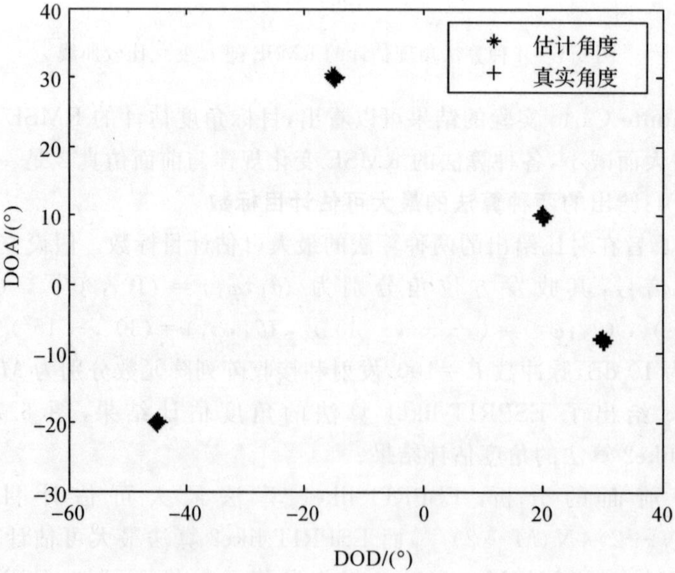

图 6.7　ESPRIT-like2 算法估计结果

6.7 本章小结

考虑到现有针对非圆信号的双基地 MIMO 雷达算法都需要进行酉变换，这相当于对雷达接收数据进行了一次预处理，在一定程度上增加了算法的复杂度和计算量。针对这一问题，本章利用非圆信号的特性和欧拉公式给出了两种无须进行酉变换的 ESPRIT-like 算法。现将本章给出的两种算法总结如下：

(1)详细分析了 ESPRIT-like1，ESPRIT-like2，ESPRIT，U-ESPRIT，CU-ESPRIT 和 PM-CU-ESPRIT 等 6 种算法的运算量，分析结果表明：ESPRIT-like1 算法具有最小的运算量，而 ESPRIT-like2 算法的运算量也较为适中，要小于 CU-ESPRIT 和 PM-CU-ESPRIT 算法。

(2)计算机仿真结果表明：ESPRIT-like1 算法对目标角度估计的 RMSE 要大于其他几种算法的 RMSE，这是因为该算法没有实现阵列孔径的扩展，而其他几种算法均可以实现阵列孔径的增大；而 ESPRIT-like2 算法的 RMSE 与 CU-ESPRIT 算法的 RMSE 基本相当。

(3) ESPRIT-like1 算法最大可估计的目标数为 $\min[M(N-2), N(M-2)]$，而 ESPRIT-like2 算法最大可估计的目标数为 $\min[2M(N-1), 2N(M-2)]$。当收发阵元数 M，N 较大时，ESPRIT-like2 算法可在一定程度上实现目标的过载，即可估计的目标数大于收发阵元数的总和。

(4)由于给出的两种算法的收发旋转不变因子为正切或余弦函数，所以两种算法在角度估计过程中都存在镜像角度，需要采用额外的 MLE 方法来排除镜像角度，这增加了算法的复杂度和计算量。

第 7 章　总结与展望

7.1　工作总结

MIMO 雷达采用辐射正交波形，并在接收时对其通过匹配滤波实现分离，在目标参数估计、信号处理等方面与一般阵列天线有着明显不同，使得常规的阵列天线空间谱估计方法不能直接应用于 MIMO 雷达。特别地，在军事应用中，采用 MIMO 雷达作为电子侦察器将不可避免地面临相干和非相干混合信源、非理想噪声背景、强电子干扰等严峻挑战，加之靠大量虚拟阵元增加系统自由度所带来的接收数据维数急剧增大的问题，都严重制约了 MIMO 雷达技术的工程实现及其在军事领域的广泛应用，急须寻求新的方法手段予以解决。针对上述问题，本书深入研究了复杂电磁环境下 MIMO 雷达目标角度估计方法，主要工作总结如下所述。

1.相干和非相干混合信源联合估计

(1)给出了一种改进的前后向空间平滑(IFBSS)算法，新的算法将子阵自相关矩阵做互相关运算，且对称子阵互相关矩阵做互相关运算后再取平均作为空间平滑矩阵，进一步挖掘了接收数据的有用信息，提高了角度的估计性能。

(2)利用单次脉冲数据构造结构相同的共轭虚拟子阵，并结合平滑去相关的思想，求解出构造的虚拟子阵之间旋转不变因子，给出了一种适用于单基地 MIMO 雷达的共轭旋转不变子空间算法(C-ESPRIT)，可以有效地估计出相干源的角度。

(3)给出了一种基于稀疏表示的角度估计算法，通过构造稀疏恢复字典分别估计出目标的波达方向和波离方向，再根据最大似然法实现目标收发角的准确配对，该算法无须已知信源个数并且对相干信源也能很好地工作。

(4)给出了一种基于 Teoplitz 重构的解相干算法，通过对回波数据的协方差矩阵进行 Toeplitz 重构使其恢复为满秩，实现了对相干信源的解相干处理，并且没有造成阵列孔径的损失。

2. 非理想噪声背景下目标角度估计

(1)将改进的空间平滑算法与空间差分算法相结合，给出了修正的前后向空间差分平滑(IFBSDS)算法，有效解决了信源差分矩阵的负反对称性导致的秩亏损问题，为了进一步减小 IFBSDS 算法的运算量，又给出了 MWF-IFBSDS 算法，避免了子空间类算法的特征值分解，并且具有与 IFBSDS 算法相当的角度估计性能。

(2)给出了一种基于降维分数低阶协方差矩阵的共轭旋转不变子空间算法，降低了冲击噪声对角度估计造成的影响，解决了冲击噪声背景下二阶或四阶统计模型不能有效进行目标角度估计的问题。

(3)给出了一种基于无穷范数归一化预处理的角度估计算法，可以在冲击噪声背景下实现对相干信源角度的准确估计，并且相比现有算法具有角度估计成功概率高、低信噪比情况下均方根误差小的突出优点。

(4)给出了一种基于斜投影算子和 Teoplitz 矩阵重构(CVTR-OP)的算法。首先通过 Toeplitz 重构把非平稳噪声转换成高斯白噪声，其次利用斜投影算子在回波数据的协方差矩阵中排除独立和相关信源的分量，最后根据经典子空间谱估计方法估计出相干信源的角度。

3.强干扰背景下弱信源角度估计

(1)定义了信源保向正交性的概念，分析证明了强、弱信源的保向正交性条件，即同时满足信源功率和角度间隔都相差较大的条件时，就可认为强、弱信源对应的特征矢量满足保向正交性。

(2)给出了一种改进的干扰阻塞(DO-JJM)角度估计算法，先用信源的保向正交性估计出干扰源的角度，再用构造的阻塞矩阵降维处理剔除强干扰的接收数据，之后用 MUSIC 等常规的角度估计算法估计出信源的角度。

(3)通过仿真验证了算法在成功概率、估计偏差和均方根误差方面均要优于目标角度有 2°侦察误差的 JJM 算法，与目标角度精确已知的 JJM 算法的性能基本一致，并且无须预先知道干扰源的精确角度。

4.非圆信号的快速角度估计

(1)利用非圆信号的特性和欧拉公式给出了两种无须进行酉变换的 ESPRIT-like 算法，无须对回波数据酉变换预处理，在很大程度上降低了传统角度估计算法的复杂度和计算量。

(2)求解出了 ESPRIT-like1，ESPRIT-like2 两种算法的正切或余弦函数的收发旋转不变因子，并采用额外的 MLE 方法在角度估计过程中排除镜像角度造成的影响，实现了收发角的正确配对。

(3)通过理论分析和仿真验证了 ESPRIT-like1,ESPRIT-like2 算法在运算量上要小于 CU-ESPRIT 和 PM-CU-ESPRIT 算法,并且当收发阵元数 M,N 较大时,ESPRIT-like2 算法可在一定程度上实现目标的过载。

7.2 研究展望

MIMO 雷达作为 21 世纪初提出的一种新概念雷达,其理论和技术正在发展,不断完善。本书只是在相干和非相干混合信源、非理想噪声背景、强电子干扰和大虚拟阵元数等四方面的突出问题做了些有成效的工作,取得了初步的研究成果,然而,在 MIMO 雷达参数估计研究方向上仍有很多难点问题有待更为深入的研究,以加快其技术的实用化进程,涉及的工作简要归纳如下:

(1)多维目标参数联合估计技术。本书只对复杂电磁环境下的角度参数估计开展了研究,未涉及目标的距离和极化等信息。如何实现复杂电磁环境下对目标的角度、多普勒频率、时延和极化信息等多维参数的联合估计,从而对目标准确定位和有效识别,仍有待于更深入的研究。

(2)近场条件下的目标参数估计技术。本书的研究结论仅限于目标位于远场的情况,此时 MIMO 雷达的虚拟阵列是固定的,当目标位于近场情况时,MIMO 雷达的虚拟阵列和目标位置相关联,目标运动造成位置变化时其对应的等效虚拟阵列也将发生变化,如何在这种情况下进行角度估计值需要进一步的研究。

(3)宽带信号下的目标参数估计技术。本书的研究结论仅限于发射信号是窄带信号的条件,但在实际应用中宽带信号是大量存在的,如何将本书的研究结论推广应用到适合宽带信号的情况,仍是一个需要深入探讨的问题。

(4)阵列误差下目标参数估计技术。本书的研究均假设收发阵列天线是没有误差的理想情况,但在实际应用中由于工程技术的水平有限,收发阵列通常是具有幅相误差并且存在互耦的,如何在存在多种误差情况下实现参数估计还需进一步研究。

(5)认知 MIMO 雷达目标参数估计技术。能够在未知、复杂、瞬变的战场上,通过与环境不断地交互、学习,不断地调整自身状态和探测策略,自适应执行参数估计任务,是对军用 MIMO 雷达的更高要求,现有技术仍存在很大差距。

(6)集群 MIMO 雷达目标参数估计技术。随着智能化、网络化和指挥控制技术的不断发展,可根据任务场景自适应调整布阵结构、收发策略和协同机制的集群 MIMO 雷达是必然发展趋势,现有技术仍难以满足这一更高需求。

总之,MIMO 雷达参数估计的理论与应用中还存在许多问题有待我们去发现、解决,随着研究的不断深入,其理论与技术也会越来越完善,应用也会越来越广泛。

附录　缩略语对照表

缩略语	英文全称	中文对照
MIMO	Multiple-Input Multiple-Output	多输入多输出
ELINT	ElectronicInformation	电子情报
RCS	Radar Cross Section	雷达散射截面
ML	Maximal Likelihood	最大似然法
ESPRIT	Estimation of Signal Parameter via Rotational Invariance Technique	旋转不变子空间算法
MUSIC	Multiple Signal Classification	多重信号分类算法
PM	Propagator Method	传播算子法
PARAFAC	Parallel Factor	平行因子法
SIAR	Synthetic Impulse and Aperture Radar	综合脉冲孔径雷达
RCB	Robust Capon Beamforming	稳健 Capon 波束形成
CAML	Combined Capon and Approximate Maximum Likelihood	Capon 和最大似然联合算法
DOD	Direction-Of-Departure	波离方向(发射角)
DOA	Direction-Of-Arrival	波达方向(接收角)
CRB	Cramer-Rao Bound	克拉美-罗界
CS	Compressed Sensing	压缩感知
RD	Reduct Dimensionality	降维
NNM	Nuclear Norm Minimization	核范数最小化
UNNM	Unitary Nuclear Norm Minimization	酉核范数最小化
FDA	Frequency Diversity Array	频率分集阵列
OMP	Orthogonal Matching Pursuit	正交匹配追踪

SR	Sparse Representation	稀疏表示
MWF	Multi-stage Wiener Filter	多级维纳滤波
EMV	Electromagnetic Vector	电磁矢量
DSP	Digital Signal Processing	数字信号处理
TDM	Time Division Multiplexing	时分复用
PRI	Pulse Repetition Interval	脉冲重复周期
SDS	Spatial Difference Smoothing	空间差分平滑
ISDS	Improvement Spatial Difference Smoothing	修正空间差分平滑
FSS	Forward Space Smoothing	前向空间平滑
ULA	Uniform Linear Array	均匀线阵
FBSS	Forward and Backward Space Smoothing	前后向空间平滑
RMSE	Root Mean Squared Error	均方根误差
MCC	Maximum Correntropy Criterion	最大相关熵准则
PDF	Probability Density Function	概率密度函数
FLOM	Fractional Lower Order Moment	分数低阶矩
RCC	Reduced Dimension Conjugate Circumgyrate	降维共轭旋转
INN	Infinitesimal Norm Normalization	无穷范数归一化
CVTR-OP	Cross-correlation Vector Toeplitz Reconstruction and Oblique Projection	斜投影算子和Teoplitz矩阵重构
JJM	Jamming Jam Method	干扰阻塞算法
DO-JJM	Direction Orthogonal JJM	保向正交-干扰阻塞算法
BPSK	Binary Phase Shift Keying	二进制相移键控
MASK	Mary Amplitude Shift Keying	多重移幅键控
SNR	Signal to Noise Ratio	信噪比

GSNR	Generalized Signal to Noise Ratio	广义信噪比
JNR	Jam to Noise Ratio	干噪比
C-ESPRIT	Conjugate ESPRIT	共轭ESPRIT算法
CU-ESPRIT	Conjugate Unitary ESPRIT	共轭酉ESPRIT算法

参 考 文 献

[1] FOSCHINI G J, GANS M J. On limits of wireless communications in fading environment when using multiple antennas[J]. Wireless Personal Communications, 1998, 6(3): 311 - 335.

[2] FOSCHINI G JF, GOLDEN G D, VALENZUELA R A, et al. Simplified processing for high spectral efficiency wireleM communication employing multi-element arrays [J]. IEEE Journals of Selected Areas in Communications, 1999, 17(11): 1841 - 1842.

[3] GESBERT D, BOLCSKEI H, GORE D A, et al. Outdoor MIMO wireless channels: Models and performance prediction[J]. IEEE Trans on Commimications, 2002, 50(12):1926 - 1934.

[4] ALAMOUTI S M. A simple transmit diversity technique for wireless coimminications[J]. IEEE Journals of Selected Areas in Communications, 1998, 16(8): 1451 - 1458.

[5] DOREY J, GAMIER G, AUVRAY G. RIAS, synthetic impulse and antenna radar[C]. Paris:International Conference on Radar, 1989.

[6] LUSE H, MOLINA A S, MULLER D W, et al. Experimental results on RIAS digital beamforming radar [C]. London: International Conference on Radar, 1992.

[7] 孙超，刘雄厚. MIMO 声呐:概念与技术特点探讨[J]. 声学技术，2012，31(2)：117 - 124.

[8] 张庆文，保铮. 一种新型的米波雷达——综合脉冲与孔径雷达[J]. 现代雷达，1995，17(1)：1 - 13.

[9] 陈伯孝. SIAR 四维跟踪及其长相干积累等技术研究[D]. 西安:西安电子科技大学，1997.

[10] 陈伯孝，张守宏. 稀布阵综合脉冲孔径雷达低距离旁瓣与距离高分辨技术[J]. 电子学报,1998，26(9)：29 - 33.

[11] 赵光辉. 基于 SIAR 体制的稀布阵米波雷达若干问题研究[D]. 西安:西安电子科技大学，2008.

[12] 杨巧磊. 微波稀布阵 SIAR 相关技术研究[D]. 西安:西安电子科技大学，2009.

[13] FISHLER E, HAIMOVICH A M, BLUM R S, et al. MIMO radar: an idea whose time has come[C]. Philadelphia:Proceedings of IEEE Radar Conference, 2004.

[14] FISHLER E, HAIMOVICH A M, BLUM R S, et al. Performance of MIMO radar systems: Advantages of angular diversity [C]. Pacific Grove:Proceedings of the 38th Asilomar Conference on Signals, Systems and Computers, 2004.

[15] FISHLER E, HAIMOVICH A M, BLUM R S, et al. Spatial diversity in radars-Models and detection performance[J]. IEEE Trans on Signal Processing, 2006, 54(3): 823 - 838.

[16] HAIMOVICH A M, BLUM R S, CIMINI L J. MIMO radar with widely separated antennas [J]. IEEE Signal Processing Magazine, 2008, 25(1): 116 - 129.

[17] LI J,STOICA P. MIMO radar signal processing[M]. Hoboken: John Wiley & Sons Press, 2009.

[18] LI J, STOICA P. MIMO radar with colocated antennas[J]. IEEE Signal Processing Magazine, 2007, 24(5): 106 - 114.

[19] LEHMANN N H, Fishler E, Haimovich A M, et al. Evaluation of transmit diversity in MIMO-radar direction finding[J]. IEEE Trans on Signal Processing, 2007, 55(5): 2215 - 2225.

[20] HAIMOVICH A M, BLUM R S, CIMINI L J. MIMO radar with widely separated antennas [J]. IEEE Signal Processing Magazine, 2008, 25(1): 116 - 129.

[21] LIU W J, WANG Y L, LIU J, et al. Adaptive detection without training data in colocated MIMO radar[J]. IEEE Transactions on Aerospace and Electronic Systems, 2015, 51(3): 2469 - 2479.

[22] LIU Y J, LIAO G S, YANG Z W, et al. Design of integrated radar and communication system based on MIMO-OFDM waveform[J]. Journal of Systems Engineering and Electronics, 2017, 28(4): 669 - 680.

[23] LI J F, JIANG D F,ZHANG X F. DOA Estimation Based on Combined Unitary ESPRIT for Coprime MIMO Radar[J]. IEEE Communications Letters, 2017, 21(1): 96 - 99.

[24] XU L L , ZHOU S H, LIU H W, et al. Distributed multiple-input-multiple-output radar waveform and mismatched filter design with expanded mainlobe[J]. IET Radar, Sonar & Navigation, 2018, 12(2): 227 - 238.

[25] 王永良，彭应宁. 空时自适应信号处理[M]. 北京：清华大学出版社，2000.

[26] LI J, STOICA P,XU L Z, et al. On Parameter indentifiability of MIMO radar[J]. IEEE Signal Processing Letters, 2007, 14(2): 968 - 971.

[27] LIU F L, WANG J K. AD-MUSIC for jointly DOA and DOD Estimation in Bistatic MIMO Radar System[C]. Qinhuangdao: International Conference On Computer sign and Applications, 2010.

[28] ZHANG X F, XU D Z. Direction of Departure and Direction of Arrival estimation in MIMO radar with reduced-dimension MUSIC[J]. IEEE Communications Letters, 2010, 14(12): 1161 - 1163.

[29] CHEN D F,CHEN B X,QIN G D.Angle estimation using ESPRIT in MIMO radar[J]. Electronics Letters, 2008, 44(12): 770 - 771.

[30] CHEN J L, GU H, SU W M. Angle estimation using ESPRIT without pairing in MIMO radar[J]. Electronics Letters, 2008, 44(24): 1422 - 1423.

[31] BENCHEIKH M L, WANG Y. Joint DOD-DOA estimation using combined ESPRIT-MUSIC approach in MIMO radar[J]. Electronics Letters, 2010, 46(15): 1081 - 1083.

[32] XIE R, LIU Z, ZHANG Z J. DOA estimation for monostatic MIMO radar using polynomial rooting[J]. Signal Processing, 2010, 90(12): 3284 - 3288.

[33] ZHENG Z D, ZHANG J Y. Fast method for multi-target localization in bistatic MIMO radar[J]. Electronics Letters, 2011, 47(2) :138 - 139.

[34] TANG B, TANG J, ZHANG Y, et al.Maxiraiun likelihood estimation of DOD and DOA for bistatic MIMO radar[J]. Signal Processing, 2013, 93 (5):1349 - 1357.

[35] ZHANG X F, LI J F, CHEN H, et al. Trilinear decomposition-based two-dimensional DOA estimation algorithm for arbitrarily spaced acoustic vector-sensor array subjected to unknown locations [J]. Wireless Personal Communications, 2012, 67(4): 859 - 877.

[36] 张正言，张剑云. 基于改进型自适应非对称联合对角化双基地 MIMO 雷达多目标跟踪算法研究[J]. 电子与信息学报，2017，39(12)：2866－2873.
[37] YU Y，PETROPULU A P，POOR H V. MIMO radar using compressive sampling [J]. IEEE Journal on Selected Topics in Signal Processing，2010，4(1)：146－163.
[38] YU Y，PETROPULU A P，POOR H V. Reduced complexity angle-doppler-range estimation for MIMO radar that employs compressive sensing[C]. Pacific Grove：Asilomar Conference on Signals，Systems and Computers，2009.
[39] JIA Y，ZHONG X L，GUO Y，et al. DOA and DOD estimation based on bistatic MIMO radar with co-prime array[C]. Washington：2017 IEEE Radar Conference，2017.
[40] WANG X P，WANG L Y，LI X M，et al. Nuclear norm minimization framework for DOA estimation in MIMO radar[J]. Signal Processing，2017，135(1)：147－152.
[41] WANG X P，HUANG M X，BI G A，et al. Direction of arrival estimation for MIMO radar via unitary nuclear norm minimization[J]. Sensors，2017，17(4)：939－944.
[42] XU B Q，ZHAO Y B，CHENG Z F，et al. A novel unitary PARAFAC method for DOD and DOA estimation in bistatic MIMO radar[J]. Signal Processing，2017，138：273－279.
[43] ZHAO Z H，WANG Z M，SUN Y. Joint angle，range and velocity estimation for bi-static FDA-MIMO radar[C]. Chongqing：Proceedings of 2017 IEEE 2nd Advanced Information Technology，Electronic and Automation Control Conference，2017.
[44] LI S，ZHANG X F，WANG F. CS quadrilinear model-based angle estimation for MIMO radar with electromagnetic vector sensors[J]. International Journal of Electronics，2017，104(3)：485－503.
[45] CAO M Y，VOROBYOV S A，HASSANIEN A. Transmit Array Interpolation for DOA Estimation via Tensor Decomposition in 2-D MIMO Radar[J]. IEEE Transactions on Signal Processing，2017，65(19)：5225－5239.

[46] FAYAD Y, WANG C Y, CAO Q S. Temporal-spatial subspaces modern combination method for 2D-DOA estimation in MIMO radar[J]. Journal of Systems Engineering and Electronics, 2017, 28(4): 697-702.

[47] LIU A H, YANG Q, DENG W B. DOA estimation with compressing sensing based array interpolation technique in multi-carrier frequency MIMO HFSWR[C]. Washington:2017 IEEE Radar Conference, 2017.

[48] 田语柔，王晶琦，谭晶，等. MIMO雷达角度超分辨估计算法研究[J]. 微波学报，2017，33(8)：329-332.

[49] 吴萌. 基于Toeplitz矩阵的MIMO雷达DOA估计[J]. 计算机与数字工程，2017，45(12)：2393-2397.

[50] 赵智昊，王志民，孙扬. 双基地FDA-MIMO雷达角度距离及速度无模糊估计方法[J]. 四川大学学报，2017，54(6)：1202-1210.

[51] 李小波，梁浩，崔琛. 基于四元数和增广矩阵束的MIMO雷达角度估计算法[J]. 数据采集与处理，2014，29(4)：578-583.

[52] LIU Y, WU M Y, WU S J. Fast OMP algorithm for 2D angle estimation in MIMO radar[J]. Electronics Letters, 2010, 46(6): 444-445.

[53] ZHANG D, ZHANG Y S, FENG C Q. 3D OMP algorithm for 3D parameters estimation in bistatic MIMO radar[J]. Journal of Engineering, 2017, 1(2): 33-35.

[54] YEO K G, CHUNG Y S, YANG H G, et al. Reduced-dimension DOD and DOA estimation through projection filtering in bistatic MIMO radar with jammer discrimination[J]. IET Radar, Sonar and Navigation, 2017, 11(8): 1228-1234.

[55] TAN J, NIE Z P, WEN D B. Low complexity MUSIC-based direction-of-arrival algorithm for monostatic MIMO radar [J]. Electronics Letters, 2017, 53(4): 275-277.

[56] ZHANG Y, ZHANG G, WANG X H. Computationally efficient DOA estimation for monostatic MIMO radar based on covariance matrix reconstruction[J]. Electronics Letters, 2017, 53(2): 111-113.

[57] JARDAK S, AHMED S, ALOUINI M S. Low Complexity Moving Target Parameter Estimation for MIMO Radar Using 2D-FFT [J]. IEEE Transactions on Signal Processing, 2017, 65(18): 4745-4755.

[58] SHI J P, HU G P, ZHANG X F, et al. Sparsity-based two-dimensional DOA estimation for coprime array: From sum-difference coarray viewpoint[J]. IEEE Transactions on Signal Processing, 2017, 65(21): 5591 - 5604.

[59] 杨康，文方青，黄冬梅，等. 基于实值三线性分解的互耦条件下双基地 MIMO 雷达角度估计算法[J]. 系统工程与电子技术，2018，40(2)：314 - 321.

[60] 赵勇胜，赵拥军，赵闯，等. 一种新的分布式 MIMO 雷达系统运动目标定位代数解算法[J]. 电子与信息学报，2017，40(6)：1 - 9.

[61] 徐丽琴，李勇. 单基地 MIMO 雷达低复杂度求根 MUSIC 角度估计方法[J]. 系统工程与电子技术，2017，39(11)：2434 - 2439.

[62] 黄中瑞，张正言，单凉，等. 双基地 MIMO 雷达目标快速定位算法[J]. 信号处理，2016，32(9)：1015 - 1023.

[63] 符博博，郑娜娥，胡捍英. 单基地 MIMO 雷达中基于改进传播算子的二维 DOA 估计算法[J]. 信号处理，2016，32(4)：438 - 443.

[64] 李小波，张正言，王斑，等. 双基地 MIMO 雷达相干目标的角度快速估计算法[J]. 信号处理，2016，32(3)：371 - 377.

[65] 刘声，杨力生，殷艳红，等. 双基地 MIMO 雷达的快速测向算法[J]. 吉林大学学报，2016，46(5)：1675 - 1680.

[66] 梁浩，崔琛，余剑，等. 基于 ESPRIT 算法的十字型阵列 MIMO 雷达降维 DOA 估计[J]. 电子与信息学报，2016，38(1)：80 - 89.

[67] RAGHAVAN R. Impact of multiple scatterers on coherent MIMO detection and angle estimation[C]. Seattle:2017 IEEE Radar Conference, 2017.

[68] GUO Y D, ZHANG Y S, TONG N N, et al. Angle Estimation and Self-calibration Method for Bistatic MIMO Radar with Transmit and Receive Array Errors[J]. Circuits, Systems, and Signal Processing, 2017, 36(4): 1514 - 1534.

[69] WEN F Q, ZHANG Z J, WANG K, et al. Angle estimation and mutual coupling self-calibration for ULA-based bistatic MIMO radar [J]. Signal Processing, 2018, 144: 61 - 67.

[70] WEN F Q, XIONG X D, SU J, et al. Angle estimation for bistatic MIMO radar in the presence of spatial colored noise [J]. Signal Processing, 2017, 134: 261 - 267.

[71] WEN F Q, XIONG X D,ZHANG Z J. Angle and mutual coupling estimation in bistatic MIMO radar based on PARAFAC decomposition[J]. Digital Signal Processing: A Review Journal, 2017, 65: 1 - 10.

[72] ZHANG D, ZHANG Y S, ZHENG G M, et al. ESPRIT-like two-dimensional DOA estimation for monostatic MIMO radar with electromagnetic vector received sensors under the condition of gain and phase uncertainties and mutual coupling[J]. Sensors, 2017, 17(11): 1 - 22.

[73] ZHENG G M. DOA estimation in MIMO radar with non-perfectly orthogonal waveforms[J]. IEEE Communications Letters, 2017, 21(2): 414 - 417.

[74] QIN S, ZHANG Y D,AMIN M G. DOA estimation of mixed coherent and uncorrelated targets exploiting coprime MIMO radar[J]. Digital Signal Processing: A Review Journal, 2017, 61: 26 - 34.

[75] LI J F, JIANG D F, ZHANG X F. DOA Estimation Based on Combined Unitary ESPRIT for Coprime MIMO Radar[J]. IEEE Communications Letters, 2017, 21(1): 96 - 99.

[76] LIU J, ZHOU W D, WANG X P, et al. A sparse direction-of-arrival estimation algorithm for MIMO radar in the presence of gain-phase errors[J]. Digital Signal Processing: A Review Journal, 2017, 69: 193 - 203.

[77] LIAO B,CHAN S C. Direction finding in MIMO radar with unknown transmitter and/or receiver gains and phases[J]. Multidimensional Systems and Signal Processing, 2017, 28(2): 691 - 707.

[78] WANG X H, ZHANG G, WEN F Q, et al. Angle estimation for bistatic MIMO radar with unknown mutual coupling based on three-way compressive sensing[J]. Journal of Systems Engineering and Electronics, 2017, 28(2): 257 - 266.

[79] CHINTAGUNTA S,PALANISAMY P. DOD and DOA estimation using the spatial smoothing in MIMO radar with the EmV sensors[J]. Multidimensional Systems and Signal Processing, 2017(15): 1 - 13.

[80] YANG X, ZHENG G M,TANG J. ESPRIT algorithm for coexistence of circular and noncircular signals in bistatic MIMO radar[C]. Philadelphia:2016 IEEE Radar Conference, 2017.

[81] 李小英，陈逸伦. 宽带信号下的双基地 MIMO 雷达收发角估计[J]. 太赫兹科学与电子信息学报，2017，15(6)：946 - 949.

[82] 杨康，文方青，黄冬梅，等. 基于实值三线性分解的互耦条件下双基地 MIMO 雷达角度估计算法[J]. 系统工程与电子技术，2018，40(2)：314 - 321.

[83] NION D，SIDIROPOULOS N D. Adaptive algorithms to track the PARAFAC decomposition of a third-order tensor[J]. IEEE Transactions on Signal Processing，2009，57(6)：2299 - 2310.

[84] CHENG Z Y，HE Z S，ZHANG X J. CRB for joint estimation of moving target in distributed phased array radars on moving platforms[C]. Chengdu：IEEE 13th International Conference on Signal Processing，Proceedings，2016.

[85] 朱焕，岳显昌，张兰，等. 天地波 MIMO 雷达多目标角度估计仿真[J]. 雷达科学与技术，2017，15(5)：490 - 494.

[86] 陆鹏程，吴剑旗. 米波 MIMO 雷达系统设计的几个问题[J]. 雷达科学与技术，2017，15(3)：236 - 239.

[87] 刘源，王洪先，纠博，等. 米波 MIMO 雷达低空目标波达方向估计新方法[J]. 电子与信息学报，2016，38(3)：623 - 628.

[88] 王智磊. 机载分布式 MIMO 雷达信号处理技术研究[D]. 成都：电子科技大学，2017.

[89] 杨守国，李勇，张昆辉，等. MIMO 雷达信号处理半实物仿真系统的设计与实现[J]. 现代雷达.，2017，39(4)：87 - 91.

[90] 于如志. MIMO 雷达信号处理及 DSP 工程实现[D]. 西安：西安电子科技大学，2015.

[91] 王玲，张田仓，张安学，等. 基于 SQP 算法的 MIMO 雷达波形设计与工程实现[J]. 微波学报，2015，31(4)：66 - 71.

[92] 江冰，周腾，唐玥，等. 一种性价比高的 TDM-MIMO 雷达系统设计和实验[J]. 现代雷达，2017，39(2)：61 - 65.

[93] 丁振平. TR-MIMO 声纳探测方法与实验研究[D]. 杭州：浙江大学，2014.

[94] 张小飞，张弓，李建峰，等. MIMO 雷达目标定位[M]. 北京：国防工业出版社，2014.

[95] 张贤达. 矩阵分析与应用[M]. 北京：清华大学出版社，2004.

[96] 王永良，陈辉，彭应宁，等. 空间谱估计理论与算法[M]. 北京：清华大学出版社，2004.
[97] YANG M L，CHEN B X，ZHENG G M，et al. Reduced-dimensional unitary ESPRIT algorithm for monostatic MIMO radar[J]. IEEE CIE International Conference On Radar，2011，36(6)：1062－1067.
[98] 党婵娟，张炜，胡羽行. 分布式部分校正子阵 MIMO 雷达角度估计算法[J]. 中北大学学报，2017，38(2)：217－220.
[99] SHI J P，HU G P，LEI T. DOA estimation algorithms for low-angle targets with MIMO radar[J]. Electronics Letters，2016，52(8)：652－654.
[100] 王得旺，郭金良. 一种 MIMO 雷达相干源波达方向估计方法[J]. 现代防御技术，2017，45(1)：194－198.
[101] 王彩云，龚珞珞，吴淑侠. 色噪声下双基地 MIMO 雷达 DOD 和 DOA 联合估计[J]. 系统工程与电子技术，2015，37(10)：2255－2259.
[102] WANG W，WANG X P，LI X. An angle estimation algorithm for MIMO radar in the presence of colored noise fields[C]. Chengdu：IEEE CIE International Conference On Radar，2011.
[103] WANG S L，HE Q，HE Z S，et al. Waveform design for MIMO over-the-horizon radar detection in signal dependent clutter and colored noise[C]. Xi'an：IET International Radar Conference，2013.
[104] 王鹏，邱天爽，李景春，等. 基于四阶累积量的近场源多参数联合估计[J]. 大连理工大学学报，2015，55(6)：625－631.
[105] 郑志东，时军学，徐浩彭. 高斯色噪声背景下双基地 MIMO 雷达的多目标定位[J]. 探测与控制学报，2016，38(6)：68－73.
[106] 李小波，张正言，王斑，等. 双基地 MIMO 雷达相干目标的角度快速估计算法[J]. 信号处理，2016，32(3)：370－377.
[107] 齐崇英. 高分辨率波达方向估计稳健性研究[D]. 西安：空军工程大学，2005.
[108] GERSHMAN A B，MATVEYEV A L，BOHME J F. Maximum-Likelihood estimation of signal power in sensor array in the presence of unknown noise field [J]. Proc Inst Elect Eng，Radar，Sonar，Navig，1995，42(10)：218－224.
[109] GOLDSTEIN J S，REED I S，SCHARF L L. A multistage representation of the Wiener filter based on orthogonal projections[J]. IEEE

Transactions on Information Theory, 1998, 44(7): 2943 - 2959.

[110] HONIG M L, XIAO W M. Performance of reduced-rank linear interference suppression[J]. IEEE Transactions on Information Theory, 2001, 47(5): 1928 - 1946.

[111] 黄磊. 快速子空间估计方法研究及其在阵列信号处理中的应用[D]. 西安:西安电子科技大学, 2005.

[112] SHAO M, NIKIAS C L. Signal Processing with Fractional Lower Order Moments: Stable Processes and Their Applications [J]. Proc IEEE, 1993, 81(7): 986 - 1009.

[113] TSHIHRINTZIS G A, NIKAS C L. Fast estimation of the parameters of alpha-stable impulsive interference[J]. IEEE Trans. on Signal Processing, 1996, 44(6): 1492 - 1503.

[114] TSHIHRINTZIS G A, NIKIAS C L. Performance of optimum and suboptimum receivers in the presence of impusive niose modeled as an alpha-stable process[J]. IEEE Trans Comm, 1995, 43(2/3/4): 904 - 913.

[115] MA X, NIKIAS C L. Joint estimation of time delay and frequency delay in impulsive noise using fractional lower-order statistics [J]. IEEE Trans on Signal Processing, 1996, 44(11): 2669 - 2687.

[116] TSAKALIDES P, RASPANTI R, NIKIAS C L. Angle/doppler estimation in heavytailed clutter backgrounds[J]. IEEE Trans on AES, 1999, 35(2): 419 - 436.

[117] KATKOVNIK V. A new concept of adaptive beamforming for moving sources and impulse noise environment[J]. Signal Processing, 2000, 80: 1863 - 1882.

[118] TSAKALIDES P, NIKIAS C L. Subspace-based direction finding in alpha-stable noise environments[C]. Shanghai: International Conference on Acoustics, Speech, and Signal Processing, 1995.

[119] SAKALIDES P T, NIKIAS C L. Maximum likelihood localization of sources in noise modeled as a stable process[J]. IEEE Trans Signal Prosessing, 1995, 43: 2700 - 2713.

[120] SAKALIDES P T, NIKIAS C L. The robust covariation-based MUSIC (ROC-MUSIC) Algorithm for bearing estimation in impulsive noise environments[J]. IEEE Trans Signal Processing, 1996, 44(7): 1623 - 1633.

[121] LIU T H, MENDEL J M. A subspace-based direction finding algorithm using fractional lower order statistics[J]. IEEE Trans Signal Processing, 2001, 49(8): 1605 - 1613.

[122] 吕泽均，肖先赐. 一种冲击噪声环境中的二维 DOA 估计新方法[J]. 电子与信息学报，2004，26(3)：350 - 356.

[123] 吕泽均，肖先赐. 一种冲击噪声环境中基于协变异的二维波达方向估计算法[J]. 声学学报，2004，29(2)：149 - 154.

[124] 吕泽均，肖先赐. 基于分数阶矩的测向算法研究[J]. 电波科学学报，2002，6(17)：562 - 568.

[125] 吕泽均，肖先赐. 基于时延分数阶相关函数时空处理的子空间测向算法[J]. 信号处理，2003，2(19)：51 - 54.

[126] 何劲，刘中. 基利用分数低阶空时矩阵进行冲击噪声环境下的 DOA 估计[J]. 航空学报，2006，1(27)：104 - 108.

[127] 何劲，刘中. 冲击噪声环境中求根类 DOA 估计方法研究[J]. 系统工程与电子技术，2005，12(27)：2103 - 2106.

[128] 李丽，邱天爽. 冲激噪声环境下基于最大相关熵准则的双基地 MIMO 雷达目标参数联合估计算法[J]. 电子与信息学报，2016，38(12)：3189 - 3196.

[129] LI L. Joint parameter estimation and target localization for bistatic MIMO radar system in impulsive noise[J]. Signal Image & Video Processing, 2015, 9(8): 1 - 9.

[130] 刁鸣，刘磊，安春莲. 冲击噪声背景下独立信号与相干信号并存的测向自适应新方法[J]. 中南大学学报，2016，47(1)：108 - 113.

[131] SAKALIDES P T, NIKIAS C L. The robust covariation-based MUSIC (ROC-MUSIC) Algorithm for bearing estimation in impulsive noise environments[J]. IEEE Trans Signal Processing, 1996, 44(7): 1623 - 1633.

[132] LIU T H, MENDEL J M. A subspace-based direction finding algorithm using fractional lower order statistics[J]. IEEE Trans Signal Processing, 2001, 49(8): 1605 - 1613.

[133] CHAMBERS J A, MALLOWS C L, STUCK B W. A method for simulating stable random variables [J]. Journal of American Statistical Association, 1976, 71(354): 340 - 344.

[134] SAKALIDES P T, NIKIAS C L. The robust covariation-based MUSIC

(ROC-MUSIC) Algorithm for bearing estimation in impulsive noise environments[J]. IEEE Trans Signal Processing, 1996, 44(7): 1623－1633.

[135] 王鞠庭，江胜利，何劲，等. 冲击噪声下基于子空间的 MIMO 雷达 DOA 估计研究[J]. 宇航学报，2009，30(4)：1653－1657.

[136] 吴向东，赵永波，张守宏，等. 一种 MIMO 雷达低角跟踪环境下的波达方向估计新方法[J]. 西安电子科技大学学报，2008，35(5)：793－798.

[137] SHI J P, HU G P, LEI T. DOA estimation algorithms for low-angle targets with MIMO radar[J]. Electronics Letters, 2016, 52(8): 652－654.

[138] 李新潮，沈堤，郭艺夺，等. 非平稳噪声背景下 DOA 分步估计方法研究[J]. 现代防御技术，2011，39(2)：128－132.

[139] LAY T O. Experimental study on spatial smoothing direction of arrival estimation for coherent signals[C]. Singapore: 2016 IEEE Region 10 Conference, 2016.

[140] YUTA K, NOBUYOSHI K, KUNIO S. DOA estimation of desired signals using in-phase combining of multiple cyclic correlations and spatial smoothing processing[C]. Okinawa: 2016 International Symposium on Antennas and Propagation, 2016.

[141] FRANK M, MARTIN K, HOLGER B. Hardware acceleration of Maximum-Likelihood angle estimation for automotive MIMO radars [C]. Rennes: 2016 Conference on Design and Architectures for Signal and Image Processing, 2016.

[142] CHEN H, HUANG B X, DENG B. A modified Toeplitz algorithm for DOA estimation of coherent signals[C]. Xiamen: Proceedings of 2007 International Symposium on Intelligent Signal Processing and Communication Systems, 2007.

[143] 符渭波，苏涛，赵永波，等. 空间色噪声环境下基于时空结构的双基地 MIMO 雷达角度和多普勒频率联合估计方法[J]. 电子与信息学报，2011，33(7)：1649－1654.

[144] 吴湘霖. 非理想系统假设下阵列信号多信源多参数联合估计[D]. 西安：西北工业大学，2005.

[145] 吴云韬，廖桂生，陈建峰. 一种色噪声环境下的 DOA 估计新算法[J]. 电子学报，2001，29(12)：1605－1607.

[146] 马菁涛，陶海红，黄鹏辉. 一种用于密集强弱目标速度高分辨估计

IAA-mCapon 算法[J]. 电子学报，2016，44(7)：1605－1612.

[147] PESAVENTO M，GERSHMAN A B. Maximum-likelihood direction-of-arrival estimation in the presence of unknown nonuniform noise[J]. IEEE Trans Signal Processing，2001，49(7)：1310－1324.

[148] 李小波，张正言，王斑，等. 双基地 MIMO 雷达相干目标的角度快速估计算法[J]. 信号处理，2016，32(3)：370－377.

[149] 贵彦乔，吴彦鸿，俞道滨. 跟踪雷达干扰技术综述[J]. 兵器装备工程学报，2017，38(4)：141－147.

[150] 李涛. 集中式 MIMO 雷达与相控阵雷达干扰抑制性能对比[J]. 电讯技术，2016，56(8)：894－899.

[151] 董惠，徐婷婷，王纯. 强干扰背景下二维弱信号 DOA 估计的修正投影阻塞法[J]. 信号处理，2013，29(2)：221－227.

[152] 柴立功，罗景青. 一种强干扰条件下微弱信号 DOA 估计的新方法[J]. 电子与信息学报，2005，27(10)：1517－1520.

[153] 姚山峰，同武勤，曾安军. 基于正交投影变换的弱信号波达方向估计[J]. 现代雷达，2011，33(1)：25－28.

[154] 苏成晓，罗景青. 一种均匀圆阵子阵干扰抑制 DOA 估计算法[J]. 信号处理，2010，26(9)：1355－1360.

[155] 徐亮，曾操，廖桂生，等. 基于特征波束形成的强弱信号波达方向与信源数估计方法[J]. 电子与信息学报，2011，33(2)：21－325.

[156] LI J，PETRE S. Efficient mixed Spectrum estimation with applications to target feature extraction[J]. IEEE Transactions on signal Processing，1996，44(2)：281－295.

[157] LI J，Liu G Q，JIANG N Z，et al. Airbome Phased Array Radar：clutter and jamming suppression and moving target detection and feature extraction[C]. Cambridge：IEEE 2000 Sensor Array And Multichannel Signal Processing Workshop，2000.

[158] 王姝，何子述，李会勇. 宽带强干扰背景下的弱信号源 DOA 估计方法[J]. 现代雷达，2006，28(9)：69－71.

[159] 陈辉，苏海军. 强干扰/信号背景下的 DOA 估计新方法[J]. 电子学报，2006，34(3)：530－534.

[160] 苏成晓，罗景青，解礼. 用阻塞矩阵法实现弱信号二维 DOA 估计[J]. 计算机工程与应用，2011，47(18)：153－156.

[161] 张静，廖桂生. 强信号背景下基于噪声子空间扩充的弱信号 DOA 估计方法[J]. 系统工程与电子技术，2009，31(6)：1279 - 1283.

[162] 屈金佑，张剑云. 一种新的强干扰条件下微弱信号 DOA 估计算法[J]. 航天电子对抗，2011，27(5)：61 - 64.

[163] 苏成晓，罗景青. 一种强干扰下均匀圆阵弱信号测向新方法[J]. 现代防御技术，2010，38(5)：116 - 120.

[164] 王冠男. 单基地 MIMO 雷达相干分布式目标角度估计方法[D]. 哈尔滨:哈尔滨工程大学，2013.

[165] BARBARESCO F, CHEVALIER P. Noncircularity exploitation in signal processing overview and application to radar[C]. London: IET Waveform Diversity and Digital Radar Conf, 2008.

[166] GAN L, GU J F, WEI P. Estimation of 2-D DOA for noncircular sources using simultaneous SVD technique[J]. IEEE Antennas and Wireless Propagation Letters, 2008, 7: 385 - 388.

[167] HASSEN S B, BELLILI F, SAMET A, et al. DOA estimation of temporally and spatially correlated narrowband noncircular sources in spatially correlated white noise[J]. IEEE Trans on Signal Processing, 2011, 59(9): 4108 - 4121.

[168] YANG X M, LI G J, ZHENG Z. DOA estimation of noncircular signal based on sparse representation [J]. Wireless Personal Communications, 2015, 82(4): 2363 - 2375.

[169] YANG M L, CHEN B X, YANG X Y. Conjugate ESPRIT algorithm for bistatic MIMO radar[J]. IET Electronics Letters, 2010, 46(25): 1692 - 1694.

[170] DELMAS J P. Comments on "Conjugate ESPRIT (C-ESPRIT)" [J]. IEEE Trans Antennas and Propagation, 2007, 55(2): 511 - 511.

[171] BENCHEIKI M L, WANG Y. Non Circular Esprit-Rootmusic Joint DOA-DOD Estimation in Bistatic MIMO Radar[C]. Tipaza: 7th International Workshop on Systems, Signal Processing and their Applications, 2011.

[172] WANG W, WANG X P, MA Y H, et al. Conjugate unitary ESPRIT algorithm for bistatic MIMO radar[J]. IEICETransactions on Electronics, 2013, 96(1): 124 - 126.

[173] WANG W, WANG X P, LI X. Propagator method for angle estimation of non-circular sources in bistatic MIMO radar [C]. Ottawa:2013 IEEE Radar Conference, 2013.

[174] LI J F, ZANG X F. Unitary subspace-based method for angle estimation in bistatic MIMO radar [J].Circuits Systems and Signal Processing, 2014, 33(2): 501 - 513.

[175] ZHENG G M, TANG J,YANG X. ESPRIT and unitary ESPRIT algorithms for coexistence of circular and noncircular signals in bistatic MIMO radar[J]. IEEE Access, 2016, 4: 7232 - 7240.

[176] 郑春弟. 基于非圆信号的空间谱估计算法研究[D]. 西安: 西安电子科技大学, 2006.

[177] 鲍拯.阵列天线多维信号处理研究[D].西安:空军工程大学,2005.

[178] ZHENG G M, CHEN B X, YANG M L. Unitary ESPRIT algorithm for bistatic MIMO radar[J].Electronics Letters, 2012, 48(3): 179 - 181.

[179] CHEN D F, CHEN B X, QIN G D. Angle estimation using ESPRIT in MIMO radar[J]. Electronics Letters, 2008, 44(12): 770 - 771.

[180] JIN M, LIAO G S, LI J. Joint DOD and DOA estimation for bistatic MIMO radar[J].Signal Processing, 2009, 89: 244 - 251.

